# 從零開始
# 打造網路新事業的
# 七大步驟

## 最完整的網路創業實戰寶典

網路煉金師
葉 威 志 WEILY YEH 著

Start From Scratch —
Seven Steps To Create
Your Online Business

**國家圖書館出版品預行編目資料**

從零開始打造網路新事業的七大步驟 / 葉威志 著. --
初版. -- 新北市：創見文化出版, 采舍國際有限公司
發行, （TOTAL FREEDOM ; 01）2021.04 面 ;公分
ISBN 978-986-271-902-2(平裝)

1.電子商務　2.創業　3.網路行銷

490.29　　　　　　　　　　　　　110003928

# 從零開始打造網路新事業的七大步驟

**創見文化** · 智慧的銳眼

出版者／創見文化
作者／ 葉威志
總編輯／歐綾纖
文字編輯／蔡靜怡
封面設計／許國展　　　　　　　美術設計／瑪麗

本書採減碳印製流程
並使用優質中性紙
（Acid & Alkali Free）
通過綠色印刷認證，
最符環保要求。

台灣出版中心／新北市中和區中山路2段366巷10號10樓
電話／（02）2248-7896　　　　傳真／（02）2248-7758
ISBN／978-986-271-902-2
出版日期／2021年4月

全球華文市場總代理／采舍國際有限公司
地址／新北市中和區中山路2段366巷10號3樓
電話／（02）8245-8786　　　　傳真／（02）8245-8718

全系列書系特約展示門市
新絲路網路書店
地址／新北市中和區中山路2段366巷10號10樓
電話／（02）8245-9896
網址／www.silkbook.com

本書於兩岸之行銷（營銷）活動悉由采舍國際公司圖書行銷部規畫執行。

# 網路是翻身最好的機會！

你是否覺得自己每天非常努力工作，但花錢的速度總是比賺錢的速度快，就算花費更多時間工作，卻好像掉進無底的深淵一樣，拼命往上爬也無濟於事，陷入一種「窮忙」的狀態，吃不飽但也餓不死，不知道該怎麼做才能扭轉自己的人生？

或是你時常被業績所煩惱，每天坐在咖啡廳看著自己筆記裡的客戶名單，苦惱著下一通電話要打給誰，想破頭卻還是不知道該如何開發更多的客戶？

你可能也看過身邊有些朋友自己創業賺了一些錢，雖然生意越做越大但同時也越來越忙碌，把自己的時間都賣給公司，變得比自己的員工還要累，也犧牲了和家人朋友相處的時間，反而變成自己公司的「奴隸」，擺脫不了用時間換錢的命運。

世界上大部分的人都在為錢煩惱，都在想著該如何賺更多錢、更快速賺錢以及如何更輕鬆簡單地賺錢。但如果你稍加思考後就會發現，遠比賺錢更重要的是擁有錢之後可以獲得的事物，例如你可以保護自己最深愛的家人不受到傷害、可以給自己的小孩最好的教育、可以讓家人住在安全堅固的房子，可以

有更多時間陪伴自己的家人，可以追尋你一生的夢想等等，這些也才是你這麼努力工作賺錢背後的動力不是嗎？

錢很重要！錢是一定要賺的，因為那是你實現夢想最直接的方式，但要如何更有效率地賺錢、更簡單快速地增加收入又是另一回事，甚至於你還必須學會如何用錢來賺錢，將錢的力量發揮到最大，你才能突破現狀，徹底擺脫用時間和體力賺錢、不斷窮忙的困境。

網路是現在一般人想要增加收入、想要翻身的最好機會，近年來也因為科技的快速進步，有越來越多人投入電商的行列，造就了新的一股商機，也有很多人運用網路來經營自己的網路生意。但值得注意的是，雖然網路是一種相當容易的賺錢方式，但大多數人仍然不知道該如何將賺錢變得更輕鬆、更快速，反而好像成為了他們的另一份工作一樣，仍舊擺脫不了用時間換金錢的窘境。

甚至更多人是因為不知道如何用網路幫自己賺錢，摸索了很多、嘗試了很久之後覺得困難重重，最後只好放棄一個現在這個時代最容易翻身的機會。

Weily 老師過去是一名健身教練，同時也是周遊列國的國際舞者和表演者，因為想要追尋自己的夢想，以及厭倦了要看他人臉色賺錢的日子，立志要見識更大的世界，創造更豐富的

生活而踏上成為有錢人的道路。從對網路行銷一知半解到創建出一套驗證有效的網路行銷賺錢流程，幫自己每月增加六位數以上的額外收入，更與團隊夥伴們一起用一個多月的時間，創下超過 3,000 萬台幣營收的佳績，也因此獲得國際知名的網路行銷大獎「2 Comma Club Award」的榮耀。

在本書中，Weily 老師將毫無保留地分享他所經歷的一切，包括你該如何看待金錢，如何運用「創造財富的九大步驟」一步步提升自己的收入，也教你如何就算沒有經驗、對網路行銷一無所知，也能從零開始建立自己的網路事業的方法，幫自己打造額外的收入，並且是自動化收入。在書中 Weily 老師也會分享自己的過去，從決定辭去原本的工作，成為漂游海外的表演者，看到哪些不可思議的景象後，決定回到台灣開始專研如何成為有錢人的原因，以及學習網路行銷的過程。

對於想要改變現況、想讓生活更好的人來說，這是一本值得反覆閱讀的好書，因為你會從本書中看到 Weily 老師如何改變的完整經歷。而且本書內容之豐富也令人讚嘆，幾乎包含了大部分創業與事業經營中會遭遇的問題，並分享建議與策略，極具實用性。

如果你是受僱的領薪族，你會學到如何用一台電腦幫自己創造收入，可以不斷運用本書中所分享的步驟累積你的財富，朝財務自由的目標快速前進！

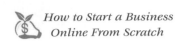
　　如果你是想要找到更多客戶、想要提升業績的銷售員，運用本書中所分享的策略，你會知道該如何吸引最多人的注意，讓客戶慕名而來，主動來找你，而不是苦惱著業績要去哪裡生出來。

　　如果你是自己經營生意的老闆，本書也將分享如何檢視自己的商業模式，最大化地將你的生意擴張、將獲利放大，獲得源源不絕的訂單並從忙碌中解放，實現真正的自動化網路賺錢機器。

　　這本書名為《從零開始打造網路新事業的七大步驟》，不只是教你網路賺錢，也包含了財務與事業經營的建議與策略。擁有這本書，加上一台電腦，讓 Weily 老師帶你打造屬於自己的網路事業王國吧！

于台北上林苑

# 經營網路行銷絕對不能錯過的寶典！

當Weily 老師出書，邀請我寫序並給我看過書稿後，我立刻知道這是一本絕對不能錯過的網路行銷寶典，因為這裡面幾乎涵蓋了所有網路行銷重要的秘密，在我創業這將近二十年來所知的所有秘訣，都寫在這本書裡面了！

Weily 老師從對網路行銷一無所知，到現在有能力幫助許多學員和企業建立他們自己的網路行銷系統，這本書裡可以說是 Weily 老師這一路走來的智慧之集大成，同時這本書也等同是一套 SOP 手冊，也可以當成是一本教科書，只要你拿起這本書並按照上面所寫的步驟操作，你就能將網路行銷的流程建立起來了。

這本書中所寫的流程看似簡單，實際上卻是蘊藏十多年的功力，而且許多企業的老闆可能做生意做了大半輩子，卻完完全全沒辦法一窺堂奧，可能花了很多時間和金錢，卻是走在錯誤的方向上，甚至根本對這本書裡所講的內容完全沒有概念，但對一間企業來說，卻是能夠扭轉戰局、稱霸市場的關鍵！

在我創業近二十年、輔導超過四百家以上中小企業的經驗裡，我非常清楚 Weily 老師所寫的這本書能帶給企業主的幫助

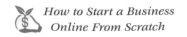

與價值非常巨大。如果你能將這本書中所講的模式和方法套用在自己的行業中,你幾乎是完完全全沒有對手的,因為事實上大多數人可能連自己的事業都不知道該如何經營,更何況運用網路行銷來幫助自己擴張獲利。

我相信當你看過這本書後也會十分驚訝,因為其中許多觀念正是現在那些世界級的企業正在做的事,你會發現那些年營收千萬、上億的公司之所以能賺錢並且在商業戰場中屹立不搖的秘密。

如果你想在社群媒體的時代成功、想要出類拔萃,你想要讓自己的事業發展到另外一個境界,那你一定要閱讀這本書!

達宇國際創辦人&執行長

Terry Fu 傅靖晏

*Terry Fu*

# 你的人生將因為這本書而變得更好

**非**常恭喜 Weily 出了這一本對想要學習網路行銷或創業的人都非常實用的書，幫助網路行銷的新手可以從零開始建立自己的網路事業，也幫助老闆能透過書中的建議和策略讓自己的事業變得更好。

記得我和 Weily 的初次見面是在 2019 年的三月，當時的他給我的感覺是一位非常有決心而且有行動力的人，是一位渴望成功的年輕人，果不其然，才經過兩年的時間，Weily 就從零開始扎扎實實地去建構出自己網路行銷的專業知識和技能，真的是非常了不起！在這麼短的時間內，不只運用 Terry 老師所傳授的網路行銷專業達成非常亮眼的成績，也幫助許多學員和企業有大幅度的成長，創造出超過百萬以上的營業額。

我自己本身過去創立兩個品牌，經營超過四個事業體，所以很瞭解一般人在自己創業時所會遇到的困難和煩惱，尤其是當你的決策會影響上百個家庭的時候，那種壓力不是一般人可以承受的，而這也是為什麼我會願意極力推薦這本書的原因！

因為我最喜歡這本書的地方是，你可以立刻把書中所教的流程使用在你自己的事業上，就算你是一個超級新手也可以透

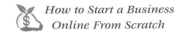

過這本書中所寫的流程，一步一步去建構出屬於自己的網路行銷的事業，不管是線上的網路商店或線下的實體商店都是沒問題的。

如果你本身是一位老闆和企業家，也可以透過這本書來檢視自己的事業在經營上所有的流程，因為這本書不管在論點或實戰上都有很詳盡的步驟，可以說是含金量非常高的書。

Weily 將他自己多年來的寶貴經驗，完全不藏私地跟所有的讀者分享，所以一定要好好的從第一頁看到最後一頁，我相信絕對會對你有很大的幫助，也會幫助你的事業有更大的成長。

再次恭喜 Weily，真的很替你感到開心，達宇以你為榮。

也恭喜拿起這本書的你，我相信你的人生也將因為這本書而變得更好！

達宇國際營運長
Miana Chen 陳采婕

# 最好入門的創業管道

這本書將和你分享的是如何透過一台電腦（或筆電），運用網路行銷建立事業賺錢的方法。

眾所皆知的，金錢可以說是人在一生當中最重要的東西之一，有個笑話說，有很多事物是金錢無法比擬的，但金錢之所以重要是因為除了可以用來交換自己想要的東西，也可以解決 99％以上的問題，而剩下 1% 無法解決的問題是因為錢不夠多。雖然是個玩笑話，但也顯見金錢的重要性，因為無論做什麼事都要錢，吃要錢、住要錢、衣服要錢、教育要錢、娛樂要錢、就連在家睡覺都有人會打電話來要錢，然而錢如此重要，大多數人對於金錢的觀念仍然是傳統的思維模式，讀好書，上好學校，找個穩定工作，多存錢不要亂花錢，不要冒險等等，雖然這不是本書主要分享的主題，但我只想讓你瞭解在這個資訊爆炸、科技快速進步的時代，擁有運用金錢的正確知識是有多麼重要，因為知識的落差就是財富的落差，嚴重失衡的財商（Financial IQ）教育導致急遽加大的貧富差距，有錢人越來越有錢，窮人則因為匱乏的資源而舉步維艱，最終造成贏家全拿，而輸家全盤皆輸的情況。

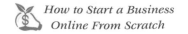
　　聽起來似乎不太妙，難道就沒有可以讓人們有機會翻身，至少多增加一些額外收入，讓生活過得舒服一些的方法嗎？

　　事實上，這個時代可以說是最容易賺錢，而且是很快可以賺到錢的時代！多虧了網路的誕生，造就了無數曾面臨生活與金錢挑戰的人們有翻身的機會，因為所有的資源全部都在網路上，而且好消息是大多數都是免費的，你只需要有一台電腦就可以運用這些資源在網路上建立事業來賺錢，前提是你得先知道正確的流程和方法，而這就是這本書要告訴你的秘密！

第一篇　**開始之前你應該知道的事**

 第二篇　**創造財富的九大步驟**

## 第三篇　打造自動化的網路印鈔機

## 第四篇　建立網路新事業七大步驟

# 第五篇　策略和建議

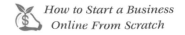

# 網路事業從0到1，走出創業的第一步！

接下來我將會先和你分享我的故事，因為一本書其實就是一個世界，這本書就是我的過去和經驗所形成的世界觀，你會瞭解為什麼我寫這本書的原因，以及這本書如何讓你變得更好的方法，經由我的故事你可以避開我曾犯下的錯誤，學習我做對的地方，就能幫助你少走彎路，更快達成你想要的結果，這也是我所想要的。

在本書第二篇，我會分享創造財富的九大步驟，告訴你如何有系統地運用你的金錢，這是最重要的部分之一，因為人在一生中基本上只有三個金錢的問題，第一是「如何賺更多錢」、第二是「如何留下錢」、第三是「如何用錢賺更多錢」，一旦順序錯誤就會陷入無止盡的循環，不斷為金錢所煩惱，如果你想跳脫出老鼠圈圈，熟讀這個章節最少能幫助你走在正確的方向上，避免造成「方向不對、努力白費」的窘境。這個章節同時也與你的事業有很大的關聯，畢竟創業做生意的最終目的就是賺錢（創業未必是為了賺錢，但這本書的目的是協助你賺錢），若不好好管理金錢，輕微可能蒙受虧損或事業無法擴張規模，嚴重一點導致事業整個毀滅，因此如何妥善運用金錢幫助事業成長是你的義務和責任。

在第三篇我會分享網路行銷你應該要具備的基本觀念，你會意外地發現其實不管實體或網路賺錢的原理都是相同的，只是方式不一樣而已，想在網路上賺錢並非遙不可及，只要有正確的流程和步驟，你也會像我當初在網路上賺到第一筆收入時一樣感到震撼與興奮，幸運的是你現在會節省許多摸索的時間。

從第四篇開始之後的章節就是重頭戲了，全部總共有七個步驟，我會從第一個步驟開始教你如何建立屬於自己的網路賺錢機器，或是你喜歡叫自動化網路印鈔機也可以。我建議你不要跳著章節看，因為每一個步驟都是有連貫性的，少掉一個步驟就像少了一根螺絲，當系統開始運轉之後你很難發現問題出在哪裡。每個步驟除了告訴你具體的做法外還有策略與建議，如此你會更清楚如何建構自己的網路事業。根據以往我輔導學員的經驗，技術性操作是基本，因為只要肯花時間練習就會熟練了（而且本書還送你免費的教學影片），但能不能賺錢的關鍵往往在於策略，所以請務必重複研讀本書並且內化，相信對你一定有非常大的幫助。

第五篇也是策略與建議，但比較著重的是在事業經營方面。在創建自己事業的過程中一定會遇到許多挑戰與挫折，而且通常創業是孤獨的，可能有很多委屈你只能往肚子裡吞，同時你也會遇到非常多不知道怎麼辦的情況，你這時需要一位

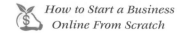

導師做你的精神嚮導，給你建議和指引方向，雖然你也可以 Email 給我，但我想更快的方式是我先將所有你會遇到的問題都寫在這一篇（這些也是我曾經遇過的問題），你可以更快速得到解答，相信我，我懂那種遇到問題卻遲遲找不到答案的痛苦，這真的會害我晚上睡不好覺，所以為了你的睡眠品質著想請好好運用這個章節，如果你在這個章節找不到你想要的答案，你可以將問題 Email 寄到 willybest101@gmail.com ，我會盡快回覆你的問題，以免你晚上睡不著。

　　最後，感謝你願意投資時間與金錢閱讀這本書，我希望這本書能啟發你的財智，並且幫助你無論在生活與事業的各方面都變得更好，成就豐盛美好且有趣的人生。

# 第一篇

# 開始之前
# 你應該知道的事

Start From Scratch — Seven Steps To
Create Your Online Business

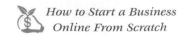

#  1　光靠工作不會讓你變有錢人

如果你的目標是想要賺錢，而且是很多錢，那麼在假設你是依靠工作收入並且也沒有其他收入來源的情況下，想要變有錢是不可能的事，因為嚴格上來說你並不是在賺錢，真正在賺錢的其實是雇用你的老闆，你只是領薪資而已，而且通常薪資的變化不會很大，需要非常突出的表現才有可能被上司賞識而升官加薪，或是能力被別家公司看見，然後被高薪挖角，但說到底仍然是領薪資，既然是固定的薪資也就代表你一輩子的收入是可以被計算出來的。

根據行政院主計處發布的資料，如果用 108 年全年每人每月總薪資平均為 53,667 元來計算，假設你 25 歲出社會工作 40 年都是這個薪資好了，當你 65 歲退休的時候總共可以賺 25,760,160 元。現在你已經知道這輩子可以賺到的錢就是這些了，接下來你唯一能做的就是在你人生的每個階段，想著該如何妥善分配這筆錢，才不至於在離開人世之前過早把錢花光。

你發現陷阱了嗎？！25,760,160 元變成侷限你的人生的上限，成了限制你能力的枷鎖，如果你真的這輩子只能賺這些

錢,是否在很大程度上你已失去了選擇權?讓我用更生活化的方式舉例,你是否曾經看到一個很喜歡的包包,卻因價格是你三個月的薪水而作罷?你是否曾遇過自己的孩子想學才藝,因學費過於昂貴而勸他放棄?上餐廳吃飯你是不是先看價格而不是先看自己想吃什麼?你是否做什麼事之前習慣先問多少錢?……其實我可以舉例更多,但我想你已經明白我想表達的意思了,會有以上的情形發生只代表一件事──錢賺得不夠多!因為賺不夠多所以才有這麼多問題發生,如果我們賺的錢夠多,只會有一個問題發生,就是選擇太多的問題(笑),俗稱「高級煩惱」。

所以在這裡我只想讓你瞭解,如果你這輩子只仰賴工作收入,而且沒有任何其他的收入來源,想要變成所謂的「有錢人」幾乎是不可能的事,而且你的生活將會面臨重重的挑戰,因為你的收入有限,所以選擇有限。若要改變這樣的困境,你一定要擁有創造更多收入、擁有真正賺錢的能力才行!

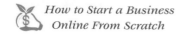

# 2 為什麼你應該要創業？

記得曾經看過一篇關於創業的文章，上面提到新創公司一年內倒閉的機率是90％，剩下10％的公司在五年內又會有90％的公司倒閉。當時這篇文章引起很大的話題，傳達了一個重要的訊息，創業是有風險的！

創業有風險，因為萬一失敗就得重頭來過，連帶投入的資金、時間、資源成本全數歸零，很刺激對吧！但為什麼仍然有許多人前仆後繼，不惜背負貸款和投入大量時間也要創業？我想除了為了完成夢想與心中的抱負外，最大的出發點就是想要賺更多錢吧！因為比起上班族每個月領固定的薪資，自己當老闆有機會可以月入數十萬到上百萬，所以不管在加盟展、創業展、商機說明會、分享會等等地方到處都是滿滿的人潮，因為大家都想賺錢，而創業就是賺錢最快的方式之一。

賺錢最快的其中一種方式就是賣東西，每賣出一件產品，你就賺到一筆收入，賣出十件產品就是十筆的收入，如果你可以用最短時間賣出最多產品，可以說你的收入就是無上限的，這就是創業最吸引人的地方。每月有上限的固定薪資，限制了你能做什麼和不能做什麼，被迫在兩者之間擇其一，世上最痛

苦的莫過於兩件衣服都想要，但只能選一件（笑）。

　　如果你擁有一個可以賺到很多錢的事業，你就等於擁有許多選擇的權利，就像前文所說的只剩下選擇太多的煩惱（高級煩惱）。所以如果你想要有足夠的收入，擁有更好的生活品質，給孩子更優質的成長環境，追尋更大的目標，創業是不二的選擇。

##  傳統創業的挑戰

　　現在我們來討論創業的風險吧，創業到底有哪些風險？是什麼讓你對家人和另一半說出你要創業的時候，得到的回應是「你行嗎？」、「現在景氣不好，你要不要再想想？」、「找一份穩定的工作不好嗎？為什麼要冒險？」……我想這些話你可能不陌生，或是你的朋友曾和你訴苦過大家都不支持他創業，在這個大環境之下這是很難改變的事，但也不要去責怪他們，因為身邊最親近的人往往都是出自於愛而擔心，擔心你失敗怎麼辦？擔心你過得不好和擔心你被騙，所以為了不要讓自己最愛的人擔心，也不要讓自己擔心，或許我們可以先瞭解傳統創業背後的挑戰並且進一步分析風險，就能避開許多失敗的陷阱，提升創業成功的機率。

　　傳統的創業會面臨到什麼挑戰呢？首先第一個就是要有

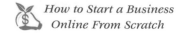

店面,所以會有租金的成本,有了店面之後肯定是要裝潢的,還有每月的水電費,一開始就是一筆不小的開銷。有了店面之後接著要進貨,例如你賣衣服要進衣服、賣水果要進水果、餐廳要進食材和飲料等等,再來是僱用員工有人事成本,另外你可能也要購買一些設備、器具,這些都是很大的成本支出,當這些都準備妥當正式營運之後又有每月固定要支出的日常消耗用品,別忘了還有行銷費用,如果你不做行銷推廣讓大家知道有你這家店、讓大家知道你的產品,那你的生意也會很難做,畢竟不太可能開店之後客戶自動上門,所以行銷費用也是必要支出,另外還有器材的維修,如果你的生財工具壞了,總不能放著不管,這又是一筆開銷,再來的話也要注意許多政府的法規、勞工法規等等,這又是一個挑戰。

我記得以前我在一家健身房當教練,因為那家健身房是開在住宅大樓裡面的,樓上樓下都是住戶,所以上課期間音樂如果太大聲,住戶就會叫警察來關切,說是有很大的噪音影響他的生活,而且常常是一星期檢舉個四、五次,讓老闆非常苦惱。但是噪音這件事情是很主觀的,你覺得很大聲但可能別人覺得很小聲,而且這家健身房有通過噪音管制法的標準,而警察又不能不受理,所以大家都很無奈,真是辛苦警察先生們了。

如果你很幸運地沒有遇到這種尷尬的狀況,那你還是得

確保有符合其他政府的法規，例如消防法規和勞工法規，好比今天你遇到國定假日又會牽扯到排班問題，每位老闆又要開始燒腦了，因為這會影響到員工的薪資和公司的營收，到這裡你是不是覺得頭昏了？但是還沒完⋯⋯，傳統生意很容易受到外在因素影響，例如天氣和淡旺季，遇到下雨天或颱風生意就不用做了，或是你的行業夏天生意很好，但是一到冬天連同業績一起進入寒冬。在 2020 年爆發的全球性疫情的新冠狀病毒肺炎（COVID-19）更是重擊世界經濟，各行各業的業績跌至谷底，許多企業和廠商接連倒閉或開始資遣員工、放無薪假，門市一家一家關，隨著疫情持續擴大，消費者都不出門，自然生意也沒得做了。

以上所說的這些全部都是傳統創業、傳統生意所面臨的風險與挑戰，如果單以賺錢的角度來說，我想這是一條非常艱辛的路，也難怪有人說每位老闆的眼裡都是淚、心裡都是委屈，每天光是想辦法生錢、想辦法讓企業生存下去就每天睡不著了。所幸的是如同這本書一開始所說的，因為網路的出現和科技的進步徹底翻轉了這一切，賺錢這件事變得更加容易而且快速，但請不要誤會，我不是指不需要努力和時間，只是相較傳統方式的創業，只要你有一台可以連上網路的電腦就有機會可以創造營收千萬、甚至破億的網路事業！

## 網路創業的優勢

　　網路創業的優勢有哪些呢？首先是你不需要投入大量的資金去租一個實體店面，也許當你的事業越做越大時需要架設一個網站方便客戶選購，但架設網站成本也不算高，在幾千元以內就可以解決（如果請別人製作又另當別論），不過最初你只要運用一些免費的平台即可，例如 Facebook、Line 或是一些電商和拍賣平台，有些平台可能需要收費但也不是很大筆的支出，你只要把產品上架之後引導流量進來就可以開始做生意了，客戶進入你的網站後看到你的產品如果很喜歡，點擊購買按鈕後就直接下單，你就賺進了一筆收入。

　　第二個優勢在於可以自動化，你可以在客戶進入你的網站後，瀏覽、跟進、購買和售後服務的每個環節都設定成自動運作，就像有一台自動幫你賺錢的機器一樣，同時你可以將時間用在更多有產值的事情上。至於必須要真人才能處理的事，例如物流運送、真人客服也可以選擇用外包的方式解決，只要把流程製作成 SOP 讓外包人員按步驟操作即可。但事實上國外早有無人機運送貨物的實例，客服也逐漸被 AI 聊天機器人取代，這意味著更少的成本和更高的營收！

　　第三個優勢是沒有時間和距離的限制。實體店面很容易受到氣候和外在因素而影響業績，但客戶只要有一支可以連上網的手機（或電腦），不管在世界任何角落都可以購買你的產

品，而且網路沒有營業時間限制，喜歡半夜上網買東西也大有人在。在 2020 年爆發新冠狀肺炎疫情的影響下，雖然大家都在家不出門，但因為人們還是有一些消費需求，所以轉而在網路上購買自己想要的東西，這個現象加速了網路電商的發展，在普遍各行各業的業績受到疫情打擊的情況下，和網路相關的行業反而逆勢成長。

根據政府網站經濟部統計處發布的資料，我國零售業網路銷售額自 2017 年的 2,283 億元，成長至 2019 年的 2,873 億元，平均每年增加 12.2％，而在 2020 年因新冠狀肺炎的影響，上半年的零售業網路銷售額就達到 1,587 億元，年增 17.5％，這些數據都在在顯示網路購物已經不是趨勢，而是現在進行式。

第四個優勢是如果你賣的是資訊型產品，就省下了物流運送的時間和成本，而且可以把利潤最大化，更不會有保存期限的問題。近年來也因網路普及，網路使用者越來越多且年齡層不斷降低，同時因為疫情影響，線上學習有逐漸增加的趨勢，人們越來越習慣購買線上課程在家學習，或是線上的一對一諮詢與教練，這讓許多專業人士多了一個收入的管道，錄製自己的課程影片在網路上銷售，這樣的獲利模式在近年也被稱為「知識變現」。關於資訊型產品的更多資訊在本書後面的章節有更深入的介紹。

　　以上是幾個用網路創業的主要優勢，也有提到幾種網路賺錢的方法，但實際上用網路創業來賺錢的方式太多了，除了最常見的網路商店、購物平台，你還可以在網路上賣電子書、賣諮詢顧問、賣線上課程、賣團體教練、賣旅遊套裝行程、賣房地產、賣 B2B 和 B2C 的業務系統、賣軟體，建立接案平台搓合廠商和業者從中賺手續費、成立會員網站訂閱制收費、經營部落格賣廣告接業配，經營 Youtube 頻道成為網紅和拍賣直播，還有太多種在網路上賺錢的方式了，現代賺錢的方式已經是過去所無法想像的，比傳統產業更低的成本、更高的獲利、更簡單的流程、更自由的時間，也因為如此有越來越多企業以網路為主要通路，而實體店面變成只是讓客戶「體驗」而已，也許你或你的朋友就曾經做過這樣的事，去實體店面看過產品之後，回家上網搜尋相同但是更便宜的產品，然後下單購買，這就是現在消費者真實的購物習慣。所以不管如何這都是你我必須接受的現實，網路創業正在蓬勃發展，如何用網路賺錢是你一定要學會的能力！

| 傳統創業所面臨的挑戰 | 網路創業的優勢 |
| --- | --- |
| 1. 租金成本、裝潢費、水電費 | 1. 租用平台或自建網站,成本低 |
| 2. 進貨成本,人事成本、器材成本 | 2. 流程自動化,減少人力成本 |
| 3. 行銷費用、日常消耗品、器材維修 | 3. 沒有時間距離的限制,24小時運作 |
| 4. 各項政府法規、勞工法規、排班 | 4. 行銷流程數據化,成效一目瞭然 |
| 5. 易受外在因素影響,颱風、淡旺季 | 5. 可結合多元獲利模式,變化性強 |
| 6. 消費者習慣改變 | 6. 資訊型產品無需物流,利潤高 |

工商時報 亞馬遜無人機隊 獲 FAA 批准
https://www.chinatimes.com/newspapers/20200902000238-260203?
chdtv

經濟部統計處 「宅經濟」發酵,帶動網路銷售額成長
https://www.moea.gov.tw/Mns/dos/bulletin/Bulletin.
aspx?kind=9&html=1&menu_id=18808&bull_id=7590

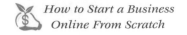

**3 你有夢想嗎？**

### 🔍💲 最初的夢想

　　你的夢想是什麼？我是很認真地在問這個問題，因為這個真的非常重要！我認為人存活在這個世界上的意義與價值很大程度源自於夢想，擁有夢想你會有目標，有一個努力的方向，是你每天早上起床的動力，是帶給你活力的生命泉源，也是實現自我、激勵他人的巨大力量。

　　在當兵之前我就擁有成為職業舞者的夢想，並且目標是登上世界級的舞台表演，為了要達成這個夢想我幾乎無時無刻都在跳舞，可以用「沈浸」兩個字來形容，只要一有時間就是往舞蹈教室跑，或是放假的時候在街舞工作室上課、練舞，連在路上走路身體也會不由自主地扭動，特別是進到一些有在放音樂的店時根本是完全被音樂控制，站在鏡子前面開始跳起舞來，如果你曾經也對某一件事達到癲狂的程度，一定會懂我在說什麼（笑），我想這可能也是許多熱舞社社員和街舞愛好者的共同回憶，總之在我的學生時期除了讀書外剩下的時間就全部都是在跳舞了。我會參加各種街舞的比賽和活動，蒐集全部有關街舞的 CD 和 DVD，把音樂存在隨身聽（MP3）

每天聽，關注一切街舞的資訊，雖然當時還沒有 Facebook 和 Youtube，網路也不比現在普及，許多資訊還是處於較封閉的狀態，相比現在只要上 Google 就可以找到任何資訊，真的是天差地別，但那個時候真的會竭盡所能地想要知道所有與街舞相關的一切。

街舞改變了我的人生，陪伴我度過了整個學生時期，那也是我最開心的一段時光，也因此我萌生了要成為職業舞者的念頭，如果可以把自己最愛的興趣變成收入的來源，每天都在做開心的事來賺錢，這應該是世界上最棒的工作了吧！這就是我在當時心中描繪出的美好願景，其實我後來和許多朋友聊天時發現他們也跟我有一樣的想法，想用自己的興趣來賺錢、追尋自己的夢想，特別是剛出社會的新鮮人特別有衝勁，而我在退伍之後也是這群天不怕地不怕年輕人的其中一員，但想像往往比實際情況美好，我們只是還沒真正遭遇那名為「現實」的狂浪而已……。

## 遭遇現實的挑戰

年輕的時候還沒有經歷過社會的洗禮，壓根不知道「現實」是怎麼一回事，我覺得最初夢想就像一株株的幼苗，在還沒長大的時候就遇到海嘯被連根拔起，在浪退之後剩下沒幾株

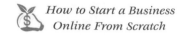

繼續存活，甚至全滅。在我退伍之後進入社會工作時大概就是這種感覺，一切都和我想像的不太一樣，才驚覺在學生時期我被保護的太好了，真實的社會根本不會給你留情面。

退伍後，因朋友介紹，我很幸運地順利得到自己人生意義上的第一份工作，在一家連鎖健身房上班，這對我來說是非常新鮮的體驗，因為我也無法想像自己穿西裝打領帶的模樣，要我坐辦公室真的要命！順帶一提的是我的學歷是「運動管理學士」，雖然在這行還算是新手，但能學以致用也算是幸運的。

因為是本科系再加上有舞蹈底子的關係，許多團體的有氧課程我都能駕輕就熟，學生的人數也算穩定，以當時的環境來說我的薪資還算不錯，但這樣過了一年後，我開始慢慢發現這樣的生活似乎不是我想要的，每天上班、下班，因為教課的關係通常別人下班後的時間就是我的上班時間，加上有不同的教課地點所以必須到處跑課，光是通勤來回就經常要花上 1～2 個小時，在體力上真的是有些挑戰，若是現在再讓我經歷一次，大概我會累到直接帶著睡袋隨地而睡吧。

我記得有一次一整天教了六堂課，六堂課其實不算多，我也聽過有老師一天教七堂課以上，但重點是我教的都是中高強度激烈的課程（就是要很 High 的那種），結果到了最後一堂課的時候腳已經在發抖了，我累到只能用氣音跟學生說老師不行了，你們自己跳吧，現在回想起來真的是很瘋狂的日子。

這樣的生活過了一天又一天，不知為何我總是覺得每天都非常想睡，對每件事情興趣缺缺，我開始意識到自己不知道在幹嘛，每天到底在做什麼？為什麼我會對現在的生活感到疲憊和厭煩？為什麼我好像就只有工作和睡覺兩件事可做，累到沒有餘力去做其他的事，明明一開始我有滿滿的衝勁，我懷抱著夢想走進社會，決心要在世界上發光發熱……噢！對了，夢想！有一天晚上當我躺在床上時才突然想起我有一個成為職業舞者的夢想，跳舞是我最開心的一件事，我真正想做的是站上世界的舞台表演，那瞬間我明白了為什麼自己每天無法提起精神的原因，不是因為工作不好（事實上這也是我做過最棒的工作之一），也不是因為收入的問題，而是我不是在做自己真正想做的事，我沒有在前往夢想的路上，我對自己現在的生活是沒有熱情的！

　　發現自己每天提不起勁的原因之後，我思索著如何才能改變目前的生活，老實說那段時間我的內心感到很大的痛苦，因為想要改變真的非常不容易，並不是因為自己不想改變，而是現實迫使我無法改變，畢竟每天還是要吃飯，每個月還是要繳帳單，一旦沒有收入就準備去睡馬路，也因此我經常自己一個人晚上跑去山上的公園，望著夜景思考著到底該怎麼辦？沒資源、沒人脈、沒管道也沒什麼錢，難道成為舞者站上世界舞台的夢想還沒開始就已經結束了嗎？原來這就是所謂的現實，這個世界並不是你想怎麼樣就能怎麼樣的。

　　慶幸的是我沒有因此而放棄，我決定堅持到底並且持續尋找改變的方法，終於有一天我發現了一個千載難逢的機會，也是這個機會讓我的人生從此走向不一樣的道路。

##  改變命運的機會

　　我非常清楚記得在 2014 年的二月，我在 Facebook 上看到一位街舞前輩的一篇貼文，內容是一家澳門夜店在徵選舞者到澳門工作，當我看到這篇貼文時心臟突然猛烈地跳動，全身也微微在顫抖，因為我知道改變命運的時刻終於來了，我一定要把握住這個機會！那時我想的並不是我能不能選上，而是如果我連嘗試都不嘗試就這樣讓這個機會溜走的話，這輩子我一定會恨死我自己，所以我立刻開始準備徵選所需的相關資料，並且請朋友幫我拍攝影片，用最快的速度將資料都準備好之後立刻寄出，就算當時的我沒有任何相關經驗（指的是在夜店表演），也對這個領域不是很瞭解，但我非常渴望改變現在的生活，這是我實現夢想的機會，我心想不管最後結果如何，至少我嘗試過了。

　　過了幾天之後，一則訊息發到我的手機，我愣了幾秒後睜大眼睛不敢相信，我徵選上了！是通知我徵選上的消息，並和我聯繫出發去澳門的時間，那個瞬間我有一種不可思議的感

覺，因為我完全不知道未來會發生什麼事，但是我非常興奮和期待，而且我也想趕快開始這段全新的冒險！然後我就立刻跟當時的主管說了這件事，令人感動的是主管也非常支持我去追尋自己的夢想，祝福我並同意了我的辭職，同仁夥伴們也很替我高興。我還記得當時有一位同業的老師問我真的要離開了嗎？因為一旦我將現在的課都放掉，未來回來台灣時可能一切就要重頭開始。我告訴他，我不知道未來會發生什麼事，這趟旅程也許一到兩個月就結束也說不定，但如果我連追尋夢想的勇氣都沒有，我將一輩子後悔沒有踏出那一步。因此我背上背包、拉著行李箱，往夢想的道路前進！

## 美夢成真，站上世界舞台！

　　到達澳門的第一個晚上，團長帶著我們這群舞者到工作地點看看環境，正巧是營業時間，一到店裡後感覺彷彿到了夢境一般，店內的裝潢設計、擺設都非常獨特，店的正中央是一個約可坐八到十個人的圓型黑色卡座（有沙發和桌子的座位，在台灣通常稱作包廂），像同心圓一樣被外面一圈五、六個卡座包圍，更外圈則是高腳桌和椅子，在中央卡座的前面是舞池和舞台，舞台共有三層，第一層離地約一米五公分高，往上第二層是可站人的小舞台和 DJ 台，再往上第三層則有一面長約七米高約三米的超大 LED 螢幕，舞台兩側有樓梯可以上下移

動，搭配著各種顏色的燈光，交織閃爍成令人目不轉睛的燈光秀，加上讓人不由自主想舞動的音樂，我簡直無法相信這就是我未來要表演的地方，因為這根本就是我經常在電影裡看到的場景。這裡的表演方式也非常有趣，除了在舞台上演出，舞者也會穿著造型奇特的裝扮到舞台下與客人互動，或是站在卡座旁邊的台子上將客人團團包圍著跳舞，全場的氣氛沈浸在歡樂和瘋狂之中。那一瞬間我突然意識到，原來這就是美夢成真的感覺，明明前幾天我還是一名在健身房教課的有氧老師、健身教練，但現在我卻在澳門最知名的夜店表演，這樣戲劇化的轉變實在無法用言語形容，我只能說：「天呀，我做到了！」

你可能也有聽過，讓自己成長的最快方法就是踏出舒適圈，去做自己從來沒有做過的事，這個方法確實非常有效。

在澳門工作的這段期間我可以說每天都在不斷的進化，不但看到許多從來沒見過的人事物，因為和各個不同國家的朋友交流也讓我對這個世界有全新的認

▲世界級的夢幻舞台

▲與國際舞者聖誕節特別
Show 同台演出

▲萬聖節特殊造型

識，特別是和不同國家的舞者一起跳舞真的太有趣了，每個人
展現自己獨特的舞蹈風格，和一群國際的專業舞者聚在一起跳
舞，那種氛圍是我體會過的最棒享受。因為工作的關係也要學
習很多過去不曾接觸過的東西，例如製作服裝和道具、特殊化
妝、有主題的舞蹈編排、製作音樂等等，雖然過程有些辛苦，
但每次嶄新的表演能成功獲得好評，巨大的成就感和喜悅就佔
據整個內心。你是不是也曾經有過這種經驗呢？當你做喜歡的
事並且被大家認同和稱讚的時候，那種滿足感真的會令人上

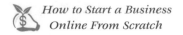
癮。

　　舞台是一個非常神奇的地方。記得有一次演出時，DJ 突然放了一首慢歌，我停止跳舞並將雙手高舉，此時全場的觀眾也將雙手高舉並隨著我左右擺動然後一起唱著歌，我閉上眼睛享受著這美妙的一刻，就這樣持續了約 30 秒後音樂逐漸加快，觀眾的情緒也和音樂一樣提升到最高點，最後在一個音樂炸點的第一拍落下後全場直接陷入瘋狂！那個時刻我感覺自己就像是站上了人生高峰似地內心激昂，當我走下台之後團長開玩笑地對我說是在開演唱會嗎？當時的場景如今回想起來仍然歷歷在目，想忘都忘不掉。

# 4 發現不一樣的世界

在你的人生當中有沒有發生過什麼是你一輩子都無法忘記的事呢？而且這件事情改變了你對世界的認知，甚至影響你的未來。在澳門工作的這段期間我可以說也見識到了各種一般人無法想像的奇事，其中也發生了幾件影響我非常大、甚至改變了我的人生的事。

你有嘗試過一個晚上花 480 萬台幣嗎？你知道那是什麼感覺嗎？老實說我也不知道（雖然我很想嘗試，這變成我的目標），因為花錢的人不是我，但是我在現場親眼見證了事情的發生，從來沒想過這種如同電影般的情節會出現在我的眼前，我傻站在一旁癡癡地望著一箱又一箱的香檳被抬進卡座，數十位服務員雙手高舉著香檳將卡座團團包圍，每一支香檳上都綁著仙女棒，明亮的火光將整間店照得燈火通明，在舞台上第三層的 LED 牆寫著「破紀錄一次開 600 支香檳」，全場情緒這麼激昂的時刻，當然 DJ 也毫不手軟，直接音樂全炸下去將氣氛衝到最高點，全部人的目光都集中在開 600 支香檳的客人身上，我當然也不例外，只是心中除了震撼、驚奇和羨慕（對，我真的蠻羨慕的）以外，我也在思考一些別的事情。

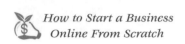

## 為什麼開 600 支香檳的人不是我？

沒錯，我真的很認真在思考這個問題，而且我覺得這個問題很重要！

讓我們來算一下吧，連同服務費 80 萬一起計算，600 支香檳共花了 480 萬，也就是平均每支香檳 8000 元，這代表如果你是月薪 3 萬的上班族，4 支香檳喝掉就沒了，而這個晚上一次喝掉了你近 10 年的薪水（考慮進升官加薪的情況），現在不知道你能否體會到我當時的震撼（而且聽說後來 600 支香檳的紀錄被破了，有客人一個晚上開了 1000 支香檳），所以為什麼坐在卡座裡開香檳的人不是我呢？我和那些有錢人到底有什麼差別？我一直不斷地在思考這個問題。另外出於好奇，我問了下店裡的同事這麼多香檳他們喝得完嗎？如果喝不完剩下的香檳怎麼辦？結果得到的答案是會存起來，但是下次他們再來店裡的時候會再開新的香檳，而不是把之前存的香檳拿出來喝，這個答案又再次讓我陷入沈思，世界上有些人的思考方式和行為真的和我們一般人不一樣。

看到有人一個晚上花了 480 萬只是為了喝酒，甚至只是為了吸引大家的注目，真的讓我大開眼界。接下來我要和你分享的是另一件也讓我印象深刻的事，也是這件事讓我瞭解了什麼叫人性和貧富的差距。

有句話說如果你想要快速瞭解當地文化，就要去體驗當地的夜生活，所以我和朋友也經常會去其他不同的店玩。還記得有次去了一家有兩層樓的店，一樓主要是一些散客，二樓以上則是包廂區。在週五和假日的晚上人潮總是擁擠得難以行走，正當我準備擠向吧台要點些東西來喝時，突然看到不知道什麼東西一張張地從二樓飄下來，仔細一看竟然是鈔票！那瞬間一樓的人群爭先恐後的搶著鈔票，有跳著想抓住鈔票的、有用帽子想接住鈔票的、也有趴在地上搶著撿鈔票的，突如其來的驚喜造成現場一片混亂，往二樓一看，是一位年紀約 40 歲上下穿著西裝的中年大叔，手裡拿著一疊鈔票一張一張的往一樓扔，這個場景像極了手裡拿著飼料站在池塘邊餵魚一樣，親眼看見這一幕再次衝擊了我的內心，我看到的是完全兩個不同的世界（上層與下層）。

以上這兩個故事是我的親身經歷，之所以會想要分享並不是想要評論一個地方或夜生活的好或壞，我相信在世界上的其他地方可能有更瘋狂的事情發生，只是我剛好在這裡遇到了而已。重點是這兩件事改變了我看事情的角度，也想讓你透過我的經歷感受到我當時的震撼與衝擊，我很想知道為什麼有許多人正在煩惱下一餐的時候，竟然有人可以一個晚上花 480 萬喝酒和丟鈔票，到底是什麼原因造成如此大的差異？當時並沒有人可以告訴我答案，所以我就去書局找一些跟金錢相關的書，看看能不能發現一些蛛絲馬跡，也在那時候我看到了一個

名詞叫做「財務自由」，所謂的財務自由是指當你每月的被動
收入大於你每月的總支出，你就算不工作也可以生活的狀態就
是財務自由。當時我心想，這本書到底在講什麼？什麼是被動
收入？怎麼可能不工作就可以自動賺錢，如果真的可以做到也
太不可思議了吧！從此財務自由這四個字就記在我心中，不過
後來因為工作的關係也就沒有再更進一步去研究了，直到我後
來回台灣後才又開始研究所謂的財務自由到底是怎麼一回事。

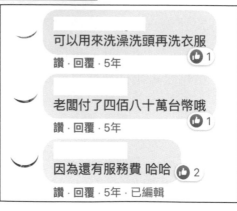

 **我要成為有錢人**

　　很快地在澳門的工作滿一年之後，在因緣際會下我也開始到不同的城市發展，有到過浙江省的杭州市、廣東省的茂名市、普寧市等等，也到過上海、蘇州和無錫找朋友見面順便觀摩當地的情況，同時尋找更多的機會。

　　在自己一個人到處流浪、到處表演的旅程中，我接觸了許多過去不曾見過的人事物，認識了許多朋友和體驗不同城市的民情文化。我還記得第一次到上海時從東方明珠塔看到遠方地平線所感受到的驚嘆，外灘壯闊的夜景也深印在我腦海中，陸家嘴金融區大樓林立的景象也一度讓我感覺很不真實，看見這些都讓我感受到這世界真的好大，同時也讓我有了新的目標和夢想，就是我想要盡情地體驗這個世界，我想要去很多不同的國家認識許多新朋友，還要去當地的舞蹈教室學跳舞、去參加 Party 和街舞活動、去體驗各個國家的文化，去遍全世界的夜店，突然我多了好多夢想，多了好多想要去做的事，但是回頭一想……如果要做到這些事情也需要很多很多錢，我突然回想到在澳門時有人花了 480 萬開香檳的那一晚，心裡又再度疑問有錢人到底是怎麼賺錢的？然後我又想起「財務自由」這四個字，到底要如何才能實現財務自由，就算不工作也能賺錢嗎？越來越多問號擠壓著我的腦袋，最後讓我決定要回台灣發展的關鍵是一位前輩對我說的一句話。

　　那位前輩對我說：「Weily，在中國只要你有能力不怕賺不到錢，因為中國太大了，但記得就算你再厲害，只要幫別人工作的一天你頂多是高級打工仔而已！」

　　聽完這句話，我的心臟像是被什麼東西重重地撞了一下，我不評論這句話到底對或錯，只是回想起我過去的經歷和曾遇到的各種現實對待，當下的我真的被這句話震撼到了，因為我知道如果再繼續這樣下去，一輩子也無法擁有自己選擇人生的權力，只有被別人選擇的命運，所以我決定回台灣重新開始，為了真正掌握自己的人生，為了實現未來的每一個夢想，為了不再因為錢而被迫選擇，我決心要成為有錢人！

▲在茂名市與烏克蘭舞者合影

▲獨自一人流浪時在上海外灘拍照

# 全新的冒險

回到台灣之後我開始嘗試各種方法想要知道如何賺到更多的錢，我在電腦搜尋框打入「賺錢」兩個字。按下點擊之後出現的是各種有關賺錢的資訊，有教你如何投資的、教你如何操作房地產的、教你如何理財的，教你如何創業成功的等等。其中一個講座特別引起我的注意，那個講座叫做「有錢人想的和你不一樣」。這讓我想起在當兵時也曾經看過一本叫做《有錢人想的和你不一樣》的書，在好奇心的驅使下我立刻報名了這個講座，想去一探究竟到底這個講座在做什麼？

如果你也有看過《有錢人想的和你不一樣》這本書的話應該知道，這本書的內容主要是在探討 17 個思考上和行為上的差別，也因為這些差別造就了人們在金錢與收入上的差距。

我印象非常深刻，當時講師問了現場所有人共 17 個問題，然後當大家每回答完一個問題，講師才會公布這個問題的答案，結果全部 17 個問題我全部都答錯了！這讓我非常挫折，才意識到原來一直以來都是因為我的思考方式讓我沒辦法跳脫出總是為錢煩惱的泥沼，因為思想養成習慣、習慣造就行

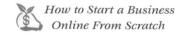

為、行為決定結果，之所以有不好的結果是因為一開始的方向就是錯誤的。雖然連續答錯 17 題讓我有點難過，但另一方面也覺得很開心，因為我終於知道自己的問題出在哪裡，已經算是朝成為有錢人的這個目標邁進一大步了。

經過這一次講座之後，就跟以前對跳舞癡迷一樣，我花更多時間在摸索如何賺錢這件事情上。我是一個只要決定要做的事就會做到徹底而且堅持到底的性格，所以那段時間我幾乎把所有有關錢的講座和課程都上遍了，例如財富教育、財商課程、房地產投資、股票投資、銷售訓練、創業培訓、網路行銷、理財等等，也參加過至少五種以上不同的組織行銷公司，跟著團隊到香港、新加坡參加大會和培訓課程，經過五年的時間總共投入超過百萬以上的學費。

令人無奈與喪氣的是，雖然我投入了大量的時間和金錢，在每個階段也非常努力地付出，但我的收入卻沒有明顯成長，依然是起起浮浮的很不穩定，我一樣很常在為金錢煩惱，一樣常常在為下個月的帳單擔心，更令人恐懼的是我不知道究竟是哪裡出了問題，我明明這麼努力，為什麼沒有得到我想要的結果？

我記得曾有一次因為沒錢吃飯，我趴在地上把手伸進衣櫃底下想挖出幾枚硬幣，看能不能湊錢去便利超商買晚餐吃。我一邊吃著晚餐一邊思考著接下來該怎麼辦？下一步該怎麼走？

我該怎麼做才能改變現況？

　　以上的種種都讓我覺得自己是一個異類，因為和我同年紀的朋友們都各自擁有穩定的工作、一個接著一個結婚，甚至已經有兩個小孩，而我卻要在衣櫃底下挖錢才能吃上晚餐，不知道未來怎麼辦。不過可能因為曾一個人在海外流浪的關係，造就了我在面對逆境與挫折時不會輕易放棄，同時我也算是一個蠻樂觀的

▲參加世界銷售大師喬·吉拉德封麥演說會

人，我知道自己不甘於過普通的生活，我想要的更多、更大，如同我回到台灣後所立下的夢想一樣，我想要的是能自由主宰自己的人生，可以不用擔心錢的問題做任何想做的事，可以體驗這驚奇世界的一切，可以讓我的家人過上更高品質的生活，如果要完成這個夢想絕對不會太簡單，一定會有很多考

▲在新加坡參加培訓時試乘藍寶堅尼超跑

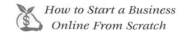

驗和挑戰,所以我不能放棄!自我激勵完之後,我提起精神走出店外繼續和現實戰鬥!

 ## 踏入網路行銷的世界

前文與你分享過我曾在澳門的夜店看到有客人一個晚上花了 480 萬在喝香檳,那是花錢的部分,現在我要和你分享的是賺錢的部分。在我投入了大量時間和超過百萬的學費之後,如果你要我建議什麼技能是一定要學會的,我一定毫不猶豫告訴你網路行銷!因為這個世界上不愁沒有好的產品,但每一位老闆在經營事業的時候最大的難題就是沒有客戶,客戶不會憑空自己跑出來,必須要主動開發,讓更多人看到才行,所以沒有行銷就沒有客戶,沒有行銷就沒辦法擴張、沒辦法賺到更多錢,而網路又是現在最強大的行銷工具,如果不會網路行銷就代表你已經落後競爭對手一大截了。

我之所以會這麼有感觸是因為當我還是菜鳥的時候,曾經看過有人用網路行銷在一天的時間就賺進了 30 萬。我參與了整個過程,看到了他是如何辦到這一切,當我看到他在網路上直接收了 30 萬之後我簡直不敢相信,我沒有想過竟然可以用網路來賺錢,而且老實說整個過程幾乎都是在看影片而已,只有中間幾次那位「前輩」出現說幾句話,然後又是播放影片

（誰知道影片播放時他在做什麼？），最後再出現就開始賣他的產品，就這樣開始收錢了，當時的我無法理解到底發生了什麼事，只覺得網路行銷真的太神奇了！不用出門只要在家裡打開電腦就可以賺錢，經過這一次之後讓我對網路行銷產生了非常大的興趣，接著就開始專研有關網路行銷的一切。

在網路行銷這個領域越鑽研就越發現其實在網路上賺錢的人非常多，而且更多人一天就可以賺數十萬甚至上百萬，有些人是透過聯盟行銷的方式來賺錢，有些人是銷售自己的產品，有些人是專門在經營部落格和網站，也有人運用網路的方式在經營自己的團隊，有很多種不同的網路賺錢方式，我深深地被網路行銷的世界吸引而且著迷，我心想光用一台筆電就可以賺錢而且可以自動化，這件事情實在是太酷了，我一定要學會網路行銷！所以我又花了許多時間和金錢在學習，我學習如何打廣告、如何拍影片、如何寫文案，研究 SEO、學習最新的網路工具，花了許多錢加入不同的網路社群和會員網站，也花錢買了許多網路行銷老師的課程，前後加起來光是在學習網路行銷所花的學費至少破十萬台幣以上，最終讓你猜猜我賺了多少錢？

**答案是 170 元。**

有讓你覺得很意外嗎？我也覺得很意外，但我也同時認為這是一個超級大躍進，因為我證明了自己也可以在網路上賺錢

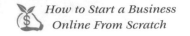

（在花了數十萬學費之後），我成功了！這對我來說是一次很大的激勵，你現在知道了我真的是一個樂觀的人（笑），一般人如果像我一樣花了大量時間和金錢只賺到 170 元，不知道心裡做何感想。總之經過這一次之後我花更多時間在研究網路行銷，一直到我遇到了自己這輩子的恩師和貴人，我的人生又再一次被改變。

**6 找到你的貴人、教練、導師**

好萊塢有一句經典的名言:「一個人能否成功不在於你知道什麼或做什麼,而在於你認識誰。」

在華人世界也有一句經典的名言:「讀萬卷書不如行萬里路,行萬里路不如閱人無數,閱人無數不如名師指路,名師指路不如貴人相助。」

以上兩句名言真的是有道理的,因為你千方百計、極其渴望獲得的東西,也許對別人來說根本是輕而易舉的事,可能他的一句話、一個行為、一個建議就可以讓你實現夢想,讓你少走數十年的彎路。

我的老師告訴我,想像你自己是一隻背著一塊巨大糖果要走回洞穴的螞蟻,預計要走上數個小時才能走回洞穴,這時候天空中突然伸下來一隻巨大的手,拎著糖果不到三秒就幫你搬回洞穴,這就是所謂的貴人。你覺得非常困難或要花大量時間才能做到的事,可能對貴人來說幾秒鐘就可以做到了,這是因為他已經走過了所有你在前往目標時會走的路,也經歷了所有你可能會遇到的挑戰和障礙,所以他知道最有效率達成你目標的方法,如果你運用他的方法就可以省去大量的時間和金錢,

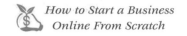

用最快的速度達成你想要的結果。

在我花費大量時間和金錢學習並且大量嘗試，卻在最後只賺到 170 元之後，我終於遇到了人生中的貴人 Terry 老師。Terry 老師的全名是 Terry Fu 傅靖晏，是一位擁有 18 年創業經驗的網路行銷大師，服務超過 300 家以上的企業，從曾經負債超過 400 萬到現在每個月透過電腦創造 8 位數的營收，學員遍佈台灣、馬來西亞、新加坡、香港、澳門、中國大陸、日本、美國、加拿大、澳洲、秘魯等等，曾拿下國外網路行銷競賽的第一名，也因此受邀到台灣最知名的聯盟行銷平台「通路王」分享成功經驗，其不可思議的經歷和成就也被經濟日報專訪和多家媒體報導，被封為「網路行銷魔術師」，也因為經歷太過誇張，曾有記者想要去踢爆 Terry 老師，所以主動去協助老師的講座，結果反而變成老師的學生，最後還成為老師的事業夥伴，在講座的當下還有人驚訝表示這個記者也太認真了吧，怎麼一直猛抄筆記（笑）。

如果你想知道更多有關於 Terry 老師的經歷和故事，可以到這裡購買 Terry 老師的書《一台筆電，年收百萬》https://weilyyeh101.com/0F5cU，或是掃描以下的 QR Code。

在我認識 Terry 老師並加入「達宇國際」成為他的事業夥伴之後，我開始運用 Terry 老師所教的方法操作，竟然在第一個月就創造近六位數的收入！之後無論在收入或生活的各方面都有突飛猛進的進展，生活品質也開始提升，同時我也把這一套網路行銷的流程運用在不同的事業上，都獲得了相當不錯的成果！也因為如此我開始在思考為什麼我過去也學習過許多不同的網路行銷課程，但是結果卻完全不同？更進一步研究以及輔導許多學員之後才發現，原來大部分的人之所以無法在網路上賺到錢，無法運用網路來幫助自己的事業成長和擴張，是因為完全放錯了焦點。

許多人把時間和金錢都花在學習和研究最新、最厲害的工具上，就像我以前一樣學習如何做影片、研究自動聊天機器人、製作漂亮的圖片、修圖、研究人們什麼時候比較容易開信等等，把大量的時間都花在這些事情上，結果最後變成了很厲害的製圖專家或影片編輯達人，知道很多不同的工具和技巧，但我依然沒有賺到錢，我學會了很多技能但因為缺少了一套完整且有系統的流程，導致我沒辦法運用這些技能來賺錢，同時也因為我過去對於網路行銷沒有正確的觀念，總是用錯誤的認知和方法在操作，所以一直沒辦法獲得自己想要的結果，這些都是我過去血淋淋的教訓和挫敗，也因為我曾經歷過這些，我明白這個過程是非常難熬而且茫然的，特別是如果你在財務方面有挑戰，那真的是一個非常大的壓力，所以我希望你不要重

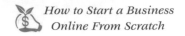
蹈我的覆轍,這也是我之所以寫這本書的主要原因之一,為的就是你可以透過我的故事少走彎路,投資一本書就能夠學到我用五年以上時間和超過百萬學費所換取到的寶貴經驗。幫助你用正確的網路行銷流程和方法增加收入、提升業績和擴張事業規模。

以下是我們和學員所創造出的成果

| | | | | | | | | | |
|---|---|---|---|---|---|---|---|---|---|
| 2020-10 | 1 | 1 | $8,880 | $8,880 | $0 | $0 | $0 | $0 | $8,880 |
| 2020-09 | 8 | 8 | $53,940 | $53,940 | $0 | $0 | $0 | $0 | $53,940 |
| 2020-08 | 10 | 10 | $72,400 | $72,400 | $0 | $0 | $0 | $0 | $72,400 |
| 2020-07 | 8 | 8 | $41,340 | $41,340 | $0 | $0 | $0 | $0 | $41,340 |
| 2020-06 | 22 | 22 | $145,460 | $145,460 | $0 | $0 | $0 | $0 | $145,460 |
| 2020-05 | 11 | 11 | $78,180 | $78,180 | $0 | $0 | $0 | $0 | $78,180 |
| 2020-04 | 5 | 5 | $39,400 | $39,400 | $0 | $0 | $0 | $0 | $39,400 |
| 2020-03 | 11 | 11 | $86,280 | $86,280 | $0 | $0 | $0 | $0 | $86,280 |
| 2020-02 | 47 | | $168,407 | $168,407 | $0 | $0 | $0 | $0 | $168,407 |
| 2020-01 | | | $23,735 | $23,735 | $0 | $0 | $0 | $0 | $23,735 |
| 2019-12 | 6 | | $8,718 | $8,718 | $0 | $0 | $0 | $0 | $8,718 |
| 2019-11 | 6 | 6 | $8,718 | $8,718 | $0 | $0 | $0 | $0 | $8,718 |
| 2019-10 | 31 | 31 | $51,276 | $50,677 | $0 | $0 | $0 | -$599 | $51,276 |
| 總計 | 179 | 179 | $786,734 | $786,135 | $0 | $0 | $0 | -$599 | $786,734 |

從無到有,創建自己的資訊型商品,銷售近80萬元

▲學員從無到有,創建自己的資訊型產品,銷售近80萬元營收

已請款金額 1,195,271 元　未請款金額：40,630 元

本月可請款金額：已於09/05申請請款　請款中　請款記錄查詢

# 突破100萬元的獎金收入

獎金查詢 [　　　] 到 [　　　]　查詢　列出所有月份獎金

| 月份 | 當月總獎金 | 獎金明細 | 本月請款金額 | 上期餘額 | 本月餘額 | 本月捐款金額 |
|---|---|---|---|---|---|---|
| 2020年09月 | 40,630 元 | 查看 | 59,469元 | 59,469.6元 | 40,630.2元 | - |
| 2020年08月 | 59,470 元 | 查看 | 29,163元 | 29,163.1元 | 59,469.6元 | |
| 2020年07月 | 28,681 元 | 查看 | 89,030元 | 89,511.8元 | 29,163.1元 | |
| 2020年06月 | 89,512 元 | 查看 | 72,087元 | 72,086.6元 | 89,511.8元 | |
| 2020年05月 | 72,086 元 | 查看 | 48,200元 | 48,200.3元 | 72,086.6元 | |
| 2020年04月 | 48,200 元 | 查看 | 60,779元 | 60,779.5元 | 48,200.3元 | |
| 2020年03月 | 60,779 元 | 查看 | 120,196元 | 120,196.3元 | 60,779.5元 | |
| 2020年02月 | 120,196 元 | 查看 | 64,871元 | 64,871.7元 | 120,196.3元 | |
| 2020年01月 | 64,871 元 | 查看 | 39,237元 | 39,237.3元 | 64,871.7元 | |

▲學員聯盟行銷突破 100 萬營收

我是 　　 ，我在 　　　　 加盟店擔任高專，謝謝Terry老師，讓我有個學習的目標，因為老師的鼓勵和按部就班的學習，雖然還沒全部學習完，但目前已經有些成效，讓我從108年9月16號，一個中年轉業的人有所成效，我在12月份的業績共賣出兩間，一間成交金額5100萬（活約），另一間6400萬，所以只能算一間的業績，當月業績47.5萬，獎金31.99，12月的獎金是13萬多，剩下的要等2月交屋完，三月才領的到，我知道老師的獎勵是鼓勵性質的，但我非常非常想得到您的獎勵和鼓勵，來激勵Vip群組內所有同學，按照老師的腳步是真的可以賺到錢的，謝謝老師，非常感激您。

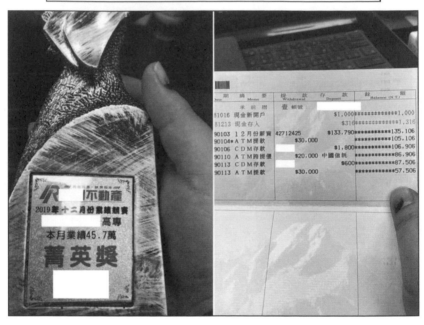

▲房地產仲介運用網路行銷單月成交兩間千萬豪宅

老師好😊

按照老師所教的方式去進行我這次的行銷活動，目前打廣告的進度，這次我的造型講座課程總共開了4個廣告去跑
.

從11月23日開始打原本一天是設1900元廣告費，後來進行一週後開始加到2500/日
.

目前為止已有45位學生報名成功，另收集了600筆左右的名單，這次總共開了四場講座，12月份一場，1月份三場！我想按照這樣下去每場應該可以收滿到我預期人數20人，共80人的目標！
.

目前廣告費花36853元
我也會按照老師之前教的fb廣告擴張方式再把廣告再放大的！
.

接下來就是12月18日的實體講座第一場現場活動了，目前也規劃當天講座流程及我的造型課程後端～（非常緊張但仍會全力以赴完成的）
.

另外附上智付通收入截圖（有些學生是用轉帳的）基本上每天都有學生報名課程，謝謝老師教我們這麼強大的行銷流程還有後台充實豐富的課程🙏不得不說我真的很愛一台筆電年收百萬+收到智付通通知😊

| 6:39　智付通 Segateway | | |
|---|---|---|
| 2018-12-10 | 2筆 | 9,460元 |
| 2018-12-08 | 1筆 | 3,500元 |
| 2018-12-07 | 2筆 | 11,920元 |
| 2018-12-06 | 2筆 | 7,000元 |
| 2018-12-05 | 1筆 | 5,960元 |
| 2018-12-04 | 2筆 | 9,460元 |
| 2018-12-03 | 1筆 | 5,960元 |
| 2018-12-02 | 1筆 | 3,500元 |
| 2018-12-01 | 1筆 | 3,500元 |

| 2018年11月 筆數：12筆 | | 金額：58,180元 |
|---|---|---|
| 日期 | 筆數 | 金額 |
| 2018-11-30 | 1筆 | 3,500元 |
| 2018-11-29 | 6筆 | 29,800元 |
| 2018-11-28 | 1筆 | 5,960元 |
| 2018-11-27 | 1筆 | 5,960元 |
| 2018-11-26 | 1筆 | 3,500元 |
| 2018-11-22 | 1筆 | 5,960元 |
| 2018-11-01 | 1筆 | 3,500元 |

| 6:38　智付通 Segateway | | |
|---|---|---|
| 2018年12月 筆數：13筆 | | 金額：60,260元 |
| 日期 | 筆數 | 金額 |
| 2018-12-10 | 2筆 | 9,460元 |
| 2018-12-08 | 1筆 | 3,500元 |
| 2018-12-07 | 2筆 | 11,920元 |
| 2018-12-06 | 2筆 | 7,000元 |
| 2018-12-05 | 1筆 | 5,960元 |
| 2018-12-04 | 2筆 | 9,460元 |
| 2018-12-03 | 1筆 | 5,960元 |
| 2018-12-02 | 1筆 | 3,500元 |
| 2018-12-01 | 1筆 | 3,500元 |

| 2018年11月 筆數：12筆 | | 金額：58,180元 |
|---|---|---|
| 日期 | 筆數 | 金額 |
| 2018-11-30 | 1筆 | 3,500元 |
| 2018-11-29 | 6筆 | 29,800元 |
| 2018-11-28 | 1筆 | 5,960元 |
| 2018-11-27 | 1筆 | 5,960元 |

▲彩妝講師運用網路行銷兩個月創造 118,440 元自動化收入

**7/17~8/18 一個月 172280元**

▲保養品產業用網路行銷一個月創造 17 萬收入

5個月 33,575.67美金廣告費
（新台幣1,007,270元）

創造50,457.40美金營收
（新台幣1,513,722元）

150%投資報酬率

▲投放 FB 廣告 5 個月投報率 150％，100 萬變 150 萬

　　以上這些是我們和學員們的一部分成果，之所以放上這些
成果見證的最大原因，是想讓你看到網路行銷真的可以幫助到
你的可能性，如果你關注我們更多的訊息後會發現，用網路來

賺錢、甚至打造一台自動化的網路賺錢機器並非不可能，事實上越來越多人都開始懂得運用網路行銷幫助自己增加收入，也越來越多老闆意識到網路行銷確實是讓業績提升、事業擴張的重要利器。

　　為了再一次證實我們所運用的方法是確實有效的，我們在 2020 年的 11 月啟動了一個特別的企劃，從 11/10 提出後開始準備，並在十天後的 11/20 舉辦了第一場三小時的線上會議，當時有 191 人報名加入這個企劃的 FB 社團（實際報名人數 200 人以上），線上會議開始後有 162 人上線參加，最終我們成交了超過 50 筆以上的訂單，成交率高達三成，在三小時內共創造超過 450 萬的營收！

▲ 191 人加入線上會議社團

▲ 162 人上線參加會議

| | A | B | D E | F | | I | J |
|---|---|---|---|---|---|---|---|
| 15 | 2.02011E+15 | 勝 | | 自動化網路連鎖合作計畫報名表 | | 11/20/20 21:57 | 11/20/20 21:57 |
| 16 | 2.02011E+15 | 力 | | 自動化網路連鎖合作計畫報名表 | | 11/20/20 21:57 | 11/20/20 21:58 |
| 17 | 2.02011E+15 | 瑞 | | 自動化網路連鎖合作計畫報名表 | | 11/20/20 21:56 | 11/20/20 21:58 |
| 18 | 2.02011E+15 | 瑜 | | 自動化網路連鎖合作計畫報名表 | | 11/20/20 21:57 | 11/20/20 21:59 |
| 19 | 2.02011E+15 | 芷 | | 自動化網路連鎖合作計畫報名表 | | 11/20/20 22:03 | 11/20/20 22:05 |
| 20 | 2.02011E+15 | 紹 | | 自動化網路連鎖合作計畫報名表 | | 11/20/20 22:00 | 11/20/20 22:05 |
| 21 | 2.02011E+15 | 於 | | 自動化網路連鎖合作計畫報名表 | | 11/20/20 22:04 | 11/20/20 22:06 |
| 22 | 2.02011E+15 | 于 | | 自動化網路連鎖合作計畫報名表 | | 11/20/20 22:06 | 11/20/20 22:07 |
| 23 | 2.02011E+15 | 銘 | | 自動化網路連鎖合作計畫報名表 | | 11/20/20 22:02 | 11/20/20 22:07 |
| 24 | 2.02011E+15 | 婉 | | 自動化網路連鎖合作計畫報名表 | | 11/20/20 22:07 | 11/20/20 22:14 |
| 25 | 2.02011E+15 | 靜 | | 自動化網路連鎖合作計畫報名表 | | 11/20/20 22:19 | 11/20/20 22:20 |
| 26 | 2.02011E+15 | 奇 | | 自動化網路連鎖合作計畫報名表 | | 11/20/20 22:21 | 11/20/20 22:22 |
| 27 | 2.02011E+15 | 育 | | 自動化網路連鎖合作計畫報名表 | | 11/20/20 22:24 | 11/20/20 22:25 |
| 28 | 2.02011E+15 | 蕙 | | 自動化網路連鎖合作計畫報名表 | | 11/20/20 22:54 | 11/20/20 22:56 |
| 29 | 2.02011E+15 | 念 | | | | | 11/20/20 22:58 |
| 30 | 2.02011E+15 | 家 | | 自動化網路連鎖合作計畫報名表 | | 11/20/20 21:55 | 11/20/20 21:55 |
| 31 | 2.02011E+15 | 明 | | 自動化網路連鎖合作計畫報名表 | | 11/20/20 21:54 | 11/20/20 21:55 |
| 32 | 2.02011E+15 | 維 | | 自動化網路連鎖合作計畫報名表 | | 11/20/20 21:54 | 11/20/20 21:55 |
| 33 | 2.02011E+15 | 獻 | | 自動化網路連鎖合作計畫報名表 | | 11/20/20 22:00 | 11/20/20 22:01 |
| 34 | 2.02011E+15 | 育 | | 自動化網路連鎖合作計畫報名表 | | 11/20/20 22:00 | 11/20/20 22:01 |
| 35 | 2.02011E+15 | 怡 | | 自動化網路連鎖合作計畫報名表 | | 11/20/20 21:59 | 11/20/20 22:01 |
| 36 | 2.02011E+15 | 逸 | | 自動化網路連鎖合作計畫報名表 | | 11/20/20 22:05 | 11/20/20 22:07 |
| 37 | 2.02011E+15 | 祐 | | 自動化網路連鎖合作計畫報名表 | | 11/20/20 22:15 | 11/20/20 22:17 |
| 38 | 2.02011E+15 | 奕 | | 自動化網路連鎖合作計畫報名表 | | 11/20/20 22:17 | 11/20/20 22:19 |
| 39 | 2.02011E+15 | 裕 | | 自動化網路連鎖合作計畫報名表 | | 11/20/20 22:19 | 11/20/20 22:26 |
| 40 | 2.02011E+15 | 明 | | 自動化網路連鎖合作計畫報名表 | | 11/20/20 22:25 | 11/20/20 22:27 |
| 41 | 2.02011E+15 | 莛 | | 自動化網路連鎖合作計畫報名表 | | 11/20/20 22:32 | 11/20/20 22:34 |
| 42 | 2.02011E+15 | 茵 | | 自動化網路連鎖合作計畫報名表 | | 11/20/20 22:42 | 11/20/20 22:42 |
| 43 | 2.02011E+15 | 錦 | | 自動化網路連鎖合作計畫報名表 | | 11/20/20 22:49 | 11/20/20 22:51 |
| 44 | 2.02011E+15 | 和 | | 自動化網路連鎖合作計畫報名表 | | 11/20/20 22:33 | 11/20/20 22:53 |

超乎預期的爆單量！

▲瞬間湧入大量訂單

也因為突如其來的爆單量超乎預期，使得我們不得不留在公司加班，一直 Key 單到半夜快兩點才因為身體無法負荷而暫停，剩下的單留到隔天再處理。

▲手錶顯示時間 11/21 1:56am

接著在六天後的 11/26 我們再度舉辦了第二場的線上會議，這次有 166 人加入社團，有超過 130 人上線參加會議，然後又再度爆單！

最終這兩場線上會議共六小時的時間，我們成交超過 85 筆訂單，最終創造 1 千 1 百萬台幣的營收。

▲ 166 人加入線上會議社團

| | B | C | D | E |
|---|---|---|---|---|
| 1 | 姓名 | | EMAIL | |
| 2 | h | | nail.com | 自動化網路連鎖合作計畫報名表 | 2020-11-26 21:56:49 |
| 3 | 宜 | | gmail.com | 自動化網路連鎖合作計畫報名表 | 2020-11-26 22:03:01 |
| 4 | 思 | | mail.com | 自動化網路連鎖合作計畫報名表 | 2020-11-26 21:43:07 |
| 5 | 陽 | | 20@gmail.com | 自動化網路連鎖合作計畫報名表 | 2020-11-26 21:39:35 |
| 6 | 卓 | | gmail.com | 自動化網路連鎖合作計畫報名表 | |
| 7 | 華 | | gmail.com | 自動化網路連鎖合作計畫報名表 | |
| 8 | 棻 | | mail.com | 自動化網路連鎖合作計畫報名表 | |
| 9 | 惠 | | 628@gmail.com | 自動化網路連鎖合作計畫報名表 | 2020-11-26 22:18:04 |
| 10 | 佳 | | gmail.com | 自動化網路連鎖合作計畫報名表 | 2020-11-26 22:15:12 |
| 11 | 椿 | | nail.com | 自動化網路連鎖合作計畫報名表 | |
| 12 | 伃 | | il.com | 自動化網路連鎖合作計畫報名表 | 2020-11-26 21:58:25 |
| 13 | 昱 | | smile@gmail.com | 自動化網路連鎖合作計畫報名表 | 2020-11-26 21:50:59 |
| 14 | 陽 | | mail.com | 自動化網路連鎖合作計畫報名表 | |
| 15 | 瑞 | | 7@gmail.com | 自動化網路連鎖合作計畫報名表 | 2020-11-27 7:18:21 |
| 16 | 力 | | 1@gmail.com | 自動化網路連鎖合作計畫報名表 | |
| 17 | 翌 | | tlook.com | 自動化網路連鎖合作計畫報名表 | 2020-11-26 23:20:22 |
| 18 | 嬿 | | gmail.com | 自動化網路連鎖合作計畫報名表 | 2020-11-26 23:10:50 |
| 19 | 否 | | 51@gmail.com | 自動化網路連鎖合作計畫報名表 | 2020-11-26 22:45:11 |
| 20 | 旺 | | gmail.com | 自動化網路連鎖合作計畫報名表 | 2020-11-26 22:37:09 |
| 21 | 勳 | | ail.com | 自動化網路連鎖合作計畫報名表 | |
| 22 | 臭 | | ail.com | 自動化網路連鎖合作計畫報名表 | 2020-11-26 22:23:03 |
| 23 | 逹 | | oo.com.tw | 自動化網路連鎖合作計畫報名表 | 2020-11-26 22:11:16 |
| 24 | 少 | | gmail.com | 自動化網路連鎖合作計畫報名表 | 2020-11-26 22:04:40 |
| 25 | 彥 | | mail.com | 自動化網路連鎖合作計畫報名表 | 2020-11-26 22:01:50 |
| 26 | 月 | | @gmail.com | 自動化網路連鎖合作計畫報名表 | 2020-11-26 21:59:36 |
| 27 | 仁 | | mail.com | 自動化網路連鎖合作計畫報名表 | 2020-11-26 21:56:19 |
| 28 | 佃 | | a@gmail.com | 自動化網路連鎖合作計畫報名表 | 2020-11-26 21:53:27 |
| 29 | 游 | | o.com.tw | 自動化網路連鎖合作計畫報名表 | 2020-11-26 21:50:41 |
| 30 | 前 | | mail.com | 自動化網路連鎖合作計畫報名表 | 2020-11-26 21:45:24 |

▲ 11/26 第二場線上會議的訂單截圖

以上是從 2020/11/10 開始準備，到 11/26 線上會議結束後的不到 20 天內發生的事，而且我們沒有投放任何一筆廣告費，除了一些網路工具的費用外（例如線上會議室），幾乎沒有任何成本，如果你是經營一家企業的老闆，這是你想要的結果嗎？

緊接著在 12/4 我們再度舉辦第三場的線上會議，這一次有 266 人上線參加，最後成交超過 50 筆訂單，創造 300 萬以上的營收！

連同前兩場加起來，在三週內舉辦三場線上會議共創下 1

千 5 百萬的營收！

▲ 266 人上線參加會議

如果你有參與我們當時的整個過程，相信你也會感到不可思議，這就是網路行銷的力量。運用幾台接上網路的電腦，我們坐在家裡就創下了 1 千 5 百萬台幣的成績，並且這個企劃仍然不斷在運作當中，為我們每月帶來可觀的收入。

現在你是否可以理解，為什麼網路行銷是你一定要學會的能力，無論你未來從事什麼行業，或是自己創業、接案，如果你懂得網路行銷，將幫助你的事業和收入有超乎想像的成長。

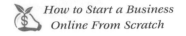
 **爭取你想要的未來**

以上就是我的故事，從一個剛出社會後因不甘平凡的人生，努力尋找並抓住機會，歷經在海外流浪的生活後回到台灣，花費百萬的學費和大量的時間學習，最後找到新人生舞台的故事。

希望我的故事可以帶給你啟發，可以幫助到你、甚至帶給你勇氣，因為也許拿起本書並看到這裡的你正面臨人生的挑戰或事業的瓶頸，像我最初一樣渴望改變並不斷尋找方法，我懂那種無人依靠而且對未來茫然的感覺，因此我也想透過自己的故事讓你知道你並不孤單，讓你看到希望，讓你可以越來越好，最終可以擁有選擇的權力（能力），這就是我寫這本書的最終目的。

如果我的故事能激勵到你，以上的成果也讓你感到興奮並且是你想要的，現在就翻入到下一章，開始冒險吧！

# 第二篇

# 創造財富的
# 九大步驟

**Start From Scratch — Seven Steps To Create Your Online Business**

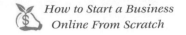

金錢是很奇妙的東西，在我們的生活當中幾乎一刻都離不開錢，但有趣的是我們每天看到的錢其實並不是錢，應該說，我們每天在使用的鈔票、硬幣等等並不是真正的錢，真正的錢其實是「價值的交換」，而鈔票和硬幣是讓我們方便衡量物品的價值、用來交換自己想要的東西的工具罷了！

想像一下這世界上如果沒有「錢」這種東西會是什麼模樣，人類將會回到以物易物的時代，想要的東西除了自己想辦法取得之外就是靠和別人交換了，但這樣非常不方便，因為我想要交換你手上的東西，但你不一定會想要我手上的東西，而且每個人對事物價值的認知也不同，這導致在交換（交易）時沒有統一的標準而難以達成共識，但是當錢被發明出來之後情況就完全改變了，錢是物品和物品之間在交易過程中的媒介，每一個東西都可以用多少錢來衡量價值高低，這讓交易有了共通的標準而得以更順利進行，同時錢也有儲存的功能，當我還不需要用到時可以儲存起來，需要用到的時候再拿來交換同等價值的東西，直到現在錢也出現各種不同的形式，例如點數、信用卡、數位貨幣等等，甚至金錢只是電腦上的一行數字而已。

科技的進步讓錢以不同的形式出現，也已經有些國家正推行無現金支付的政策，但無論錢如何演化，核心的基礎仍然是

建立在「價值」上，如果人們沒有賦予金錢價值，鈔票、硬幣這些東西就沒有任何存在的意義，在這個基礎上，金錢同時代表著力量和選擇權，可以用來創造更好的生活、體驗更豐富的人生。

既然金錢是價值的交換，那便意味著如果想要創造更多的錢，焦點就應該放在如何創造更多價值才對，如此才能讓更多人願意用錢來交換。你創造的價值越大，人們越願意用更多錢來交換。「價值」這個詞已經出現很多次了，到底什麼是價值呢？所謂價值簡單來說就是──

**「人們渴望的、想要的、在追求的事物」**

只要你可以滿足人們的需求，給他們渴望獲得的事物或想要的結果，你就創造了價值！也就是說你只要盡其所能地幫助他人變得更好，你就能創造更多價值，金錢就會被你吸引而來，你就會越來越富有！

凡舉世界上知名的大企業都是在解決人們各種不同的問題和滿足需求，才因而不斷成長擴張、突破更高的獲利，這個道理也同樣適用於個人的收入上，如果你可以為他人創造更大的價值，就能提升收入並且快速累積財富，而這也是創造財富九大步驟中的第一步：「創造收入」。

# 1 創造收入

你至少要有一份工作，才能有收入維持最基本的生活品質，而創造收入的秘訣就是增加自己的價值，增加自己價值的方法就是成為某一個領域的專家，可以幫助他人解決問題、服務他人、給予更多、服務更多。

例如像我以前是健身教練，我的價值就是能幫助人們用正確有效的方法，快速在短時間內獲得理想的身材並且保持健康，更棒的是我所教的方法並不是刻意節食或傷害身體的瘦身法，反而我希望你吃越多越好，我自己也是運用這套方法讓自己在 3 個月內減少了 7.1 公斤、6.6％體脂率和 5.5％的內臟脂肪（這是真的），透過這套方法以及在我的訓練之下，我的客戶不只能獲得健康好看的身材，更獲得了自信與活力，讓他的朋友們驚訝地大喊：「哇！你怎麼變這麼瘦？！」。

以上就是我所創造的價值，也因此正受肥胖煩惱的人願意花錢購買我的課程，讓我幫助他們獲得自信的好身材。

又例如你是一位擅長烹飪出各式美味料理的廚師，常令客人品嚐後難以忘懷，也因此許多餐廳搶著高薪聘請你到他們餐

廳工作，因為你能滿足客戶的味蕾，也能增加餐廳的營收。

無論什麼行業皆是如此，你必須創造價值才有收入！

如果你無法持續創造價值，或無法讓人感受到你的價值的話，就很容易被別人取代，收入和生活就會受到影響，這就是經常聽到的「競爭力」，要保持競爭力就必須持續學習，不斷精進自己的能力才行。

順帶一提的是，如果你從事的工作剛好是自己的興趣或是樂在其中，那非常恭喜你，你可能會以更快的速度累積財富，並且未來擁有驚人的成就，甚至那就是你人生的志向和意義，但常見的情況是大部分的人都不喜歡自己的工作，就像我以前雖然能教人們如何保持好身材，如何透過運動變得更健康，但其實我並沒有樂在其中，就如同我說過當時我對自己的工作並沒有熱情，因為我只是為了賺錢生活而已，所以你可能也看過許多人抱怨自己的工作有多麼無趣、辛苦，抱怨環境、上司和薪水，然後不斷的換工作。

換工作不是壞事，如果一份工作真的很不適合自己，沒辦法發揮自己的長才，那趁年輕時多嘗試不同的工作是好的，可以早一點發現自己適合什麼和不適合什麼，也能累積一些經驗或是找到一份自己真心喜歡的工作，但轉換不同領域的工作也意味著從零開始，年紀越大轉換跑道的風險越高，收入也越不

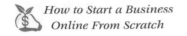

穩定，生活就會越來越辛苦，所以以創造收入、累積財富的角度來說，你應該要「做對的事」，對的事就是先不管喜不喜歡現在的工作，只要能賺錢就應該繼續做下去，因為當自己還沒有能力選擇可以做什麼和不做什麼的時候，現階段你該做的就是賺錢。

# 2 增加收入

有了基本的工作收入之後，下一步就是想辦法增加更多收入。

大多數人提到增加收入的第一個想法通常是多打幾份工來兼差，畢竟這是最直接的方法，在這個萬物皆漲就是薪水沒漲的年代，同時有兩份以上工作是常見的事，這不是不行，但更好的做法不是做更多工作，而是把原本的工作收入增加，並且盡可能不要增加工作時間，因為與其花更多時間做額外的工作，不如想辦法提升自己的能力，用相同的時間獲得更高的報酬，同時可以累積影響力和人脈等等無形資產，隨著能力和經歷不斷累積和提升，你就能解決客戶更大的問題，創造更大的價值，收入也水漲船高，以長期來說這是比較好的做法。

同時做很多工作雖然短期間能讓收入增加，但也意味著休息時間減少，連帶生活品質和身體狀況都會受到影響，年輕的時候可以拼、可以撐，但年紀越來越長之後，對體力和精神上都是不小的負擔，壓力也會越來越沈重，也許一開始感覺不出來，但就像滾雪球一樣，時間越久所造成的差別就會越大，這其實不是長久之計。

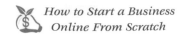
　　如果你是某個領域的專家，盡可能以自己的專業為核心向外延伸，就會像倒吃甘蔗一樣越來越輕鬆，因為你的能力、資源和人脈等等都會增加，能解決人們越多、越大的問題，收入自然就會越來越高。

　　上述的方法也同樣適用於每月領固定薪資的上班族，但重點在於如何幫助公司增加更多獲利。沒有人規定櫃檯人員不能幫公司做業績，也沒人規定公司裡設計海報的美編人員不能賣東西給客戶幫公司賺錢，如果老闆知道你除了會做海報還能幫公司賺錢應該樂翻了吧！

　　一家公司如果要裁員，銷售業務絕對不會是首選，尤其業務能力越強越不可能，因為沒有業務幫公司找客戶賣產品，那家公司很快就會關門了。

　　同樣的道理，如果你幫公司創造的價值越多，在公司的地位就越重要，老闆就越離不開你，就算加薪也要想盡辦法把你留下，因為他擔心他的競爭對手會把你挖角走。甚至你可以向老闆提議讓你業績分潤，每成交一筆訂單就獲得一定比例的利潤，你的收入就增加了！

**3** **全部存起來並保持貧窮**

當你已經有了「創造收入」的能力並且持續發揮所長「增加更多收入」之後，這時請不要犯下與我相同的錯誤，這個錯誤就是「增加支出」。

我在澳門工作時的薪資是在台灣工作底薪的兩倍以上，如果省一點應該三個月可以存下二十萬台幣沒問題（也許更多），但不幸的是我沒有這麼做，錢來得太快的結果讓我產生「錢花完再賺就有了」的想法，這句話基本上也沒錯，但就錯在我沒考慮到這個收入來源能持續多久，不珍惜錢而任意揮霍，將錢用在吃喝玩樂和無意義的事物上，我就是因此而付出慘痛的代價，回到台灣之後才發現身上幾乎身無分文，跟重頭歸零沒什麼兩樣。

當我賺到錢的時候因為支出也增加了，所以我只能不斷追著錢跑，最後每天都在為錢煩惱。

保持貧窮是指你的生活在現階段不應該因為收入增加而有任何改變，你可以偶爾犒賞自己吃個大餐或看個電影放鬆一下，但就僅此而已。你必須將焦點放在如何賺更多的錢而非省

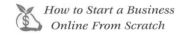
錢，焦點放在進攻而非防守，並且把支付生活所需以外的錢都存起來，而不是把錢用在買最新、最漂亮的 iPhone 手機和名牌包包，這不是你現在該做的事。

說到存錢其實也是一門學問，我發現大多數人都有一個很奇妙的行為，就是看到銀行裡有錢就會想要花，如果錢包塞太多鈔票就會產生「反正還很多呀，花一點不會怎麼樣」的幻聽，不知道你也會這樣嗎？（笑）

花錢是人的天性，因為錢可以買到想要的東西，滿足自己的欲望，尤其是壓力大的時候還有紓壓的效果，真的很神奇！但是這可不能拿來作為正當的花錢理由，如果你無法控制地隨時隨地就花一點小錢，慢慢就會變成習慣、習慣就會變成自然、自然你就無法變得更富有，因為錢會像破了洞的桶子一樣流光。

# 4 開始積極投資

如果你有按照前三個步驟去做的話，過一段時間後你會發現自己開始有越來越多閒置的錢可以運用了，接下來這一步可以說是命運改變的關鍵，就是我們要「投資」，但這裡所指的投資並不是要去投資房地產、股票、基金等等之類的，而是要先將錢投資在以下四個可以幫助你事業成長的事情上，並且不斷重複。

##  投資自己的腦袋

投資自己的腦袋無論在想要提升個人收入方面，或是擴張企業和事業都是最重要的事，因為比別人多懂一點就更有優勢，比別人多會一樣能力就更有競爭力。

蟬聯 21 年香港首富寶座的李嘉誠先生曾說：「經濟的競爭，是以知識為基礎的戰爭；知識的創造與應用，是企業成敗的關鍵。」掌握知識就等同掌握力量。全球知名的億萬富翁股神巴菲特也曾說：「最好的投資就是自己。」不斷充實自己的學識、學習新的技能、提升自己的能力和眼界，財富也將隨之

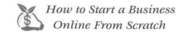

而來，因為知識和資訊的落差就是財富的落差，要玩好遊戲也得先瞭解遊戲規則，但人生無法重來，你越早認知到這一點就越有優勢！

真正能幫助你賺更多錢和富有的關鍵並不是小道消息，也不是靠運氣，更不是靠希望，而是你腦袋中的思維。

同樣一筆錢給不同思維的人運用會產生不同的結果，當你腦袋中的思維是對的，就懂得如何將錢變得更多，所以你必須學習任何能幫助自己創造更多收入和財富的技能，例如銷售、行銷、投資等等，讓自己擁有投更多錢出去可以收回更多錢的能力，這樣你不管做任何生意和事業都將無往不利，這就是為什麼要投資自己的腦袋的原因。

## 💰 投資另一半的腦袋

我們經常聽到「命運是掌握在自己手上」這句話，但我認為命運同時也掌握在自己身邊的人手上，尤其是自己最親近的人。

你的另一半（伴侶）是最能夠影響你的人，因為有句話說：「枕邊細語勝過百萬大軍。」如果你的另一半每天都不斷抱怨你什麼事都做不好，一直嫌棄你、埋怨你，在你事業上最需要

衝勁的時候卻不支持你，甚至一直在扯你後腿、幫倒忙，那麼不管你再怎麼厲害也很難有好的結果對吧？

　　相反的，就算你的事業因為剛起步所以最初表現可能不如預期，但你的另一半會體諒你，激勵你和鼓勵你，在你最需要支持的時候做你的後盾，我相信就算再困難的挑戰也能迎刃而解，所以對待自己的另一半千萬不要吝嗇，另一半絕對是你最好的投資，而且兩個人要互相扶持、一起學習和進步、一起往彼此共同的目標前進，如此一來一加一才會大於二，未來才會越來越好。

　　如果你是還沒有另一半或正準備要交往的情況，那你就要先觀察對方，因為大多數兩個人之所以無法繼續攜手走下去，或是在一起之後反而彼此的生活變得更差，通常是因為想法不同、頻率不同和價值觀不同，所以你不可以只有自己成長，你必須要帶著另一半一起成長，否則當你一直往前走，你的另一半卻原地踏步甚至一直把你向後拉，那最後的結果不是你們一起向上提升，就是一起向下沉淪，所以除了投資自己的腦袋，也要投資另一半的腦袋。

##  投資事業夥伴的腦袋

　　對於自己的事業夥伴也是相同的道理，事業夥伴可以說是

除了另一半（伴侶）以外和你最親近的人，因為你們每天一起待在公司、一起做事業，所以對你的影響力也會非常大。

　　一家企業就像一艘在海上航行的船，如果這艘船上的每一個人各司其職，都能發揮自己的長才並且目標一致，那就算遇到大浪也不容易翻覆。但如果你的事業夥伴沒有持續成長，久了這艘船就會被拖垮而無法前進，造成風險提高、成本增加、投資人沒有信心，最終一道浪打來便支離破碎。

　　這裡所說的事業夥伴不只有合夥人，而應該是每一位和你一起工作的夥伴，人才是企業最寶貴的資產，所以一家強大的企業投資在員工教育訓練的資源絕對是不遺餘力。

　　更簡單地說，你的事業夥伴就是你的核心圈，你的核心圈的水平決定你成功的速度！想像一下如果你的事業夥伴是蘋果的賈伯斯、亞馬遜的貝佐斯、臉書的祖克柏和特斯拉的馬斯克，那會發生什麼事？根本無法想像對吧！

##  企業和事業的未來

　　無論你是經營一家企業的老闆或是一般個人，我都建議你應該將眼光著重在五年後甚至十年後的未來，你的目標可能是創立一家年營收千萬以上的企業，或是想達成月入三十萬以上

財務自由的人生，若是如此在你的企業（事業）確定有獲利的情況下，必須用廣告來加速將結果放大。

廣告曝光意味著更多人知道你，也代表有更多的潛在客戶，這些潛在客戶未來都有可能會購買你的產品，因此要規劃長期、中期和短期的廣告行銷策略以建立自己的品牌。以長期來說，廣告都是賺錢的。

創新和學習是幾乎能左右企業命運的兩項能力，因為跟不上時代潮流就容易被淘汰，這一點在競爭激烈的科技產業尤其明顯，以及為了在市場上保持優勢，如何吸引更多優秀人才加入自己是重要的課題。

對個人來說創新能力和學習力同樣也是保持競爭力的關鍵，以上這些都應該要以五至十年做長期規劃，而且現在就應該開始行動。

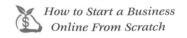

# 5 創造多元化的收入

到了這個階段之後，你應該已經擁有穩定的收入和更多可運用的資金，接下來你可以重複以上步驟去創造出更多的收入，但要注意的一點是你必須要從核心去擴張，這個道理和第二步驟的增加收入一樣，而不是花費時間在非自己領域的事情上，而是應該在現有的基礎上不斷堆疊累加上去，例如你原本是在賣車，結果下班之後跑去外送，這兩者的關聯性不大所以是無法疊加的，從核心向外擴張才是將收入快速提升並且產生更大價值的方法。

例如你買了一支手機，有了手機之後你可能還會買手機殼，為了聽音樂又加購了一副耳機，然後怕手機容易變髒、磨損、受傷，所以花錢去包膜，手機除了打電話也可以拿來玩遊戲，所以你又購買了手機專用的遊戲手把，為了避免手機不小心摔壞所以你加購了延長保固方案。

你會發現你一開始買了一支手機，但卻額外多買了很多周邊產品，而且這些產品都是圍繞在手機上，也就是說手機銷量越多，也代表這些周邊產品賣得越好，所以想要增加更多收入來源，就要從核心擴張「**增加更多的產品線**」，這樣做的另

一個好處是可以用更低的成本創造更高的營收，因為賣給新客戶比賣給既有的客戶難上許多，既有的客戶已經有一定的忠誠度，他們更容易購買你的產品，在這個基礎上更多的產品線就代表著更多收入。

除了增加產品線和提案能讓你有更多元化的收入外，也能「**增加廣告通路**」來擴張。

如果你是一家企業的老闆，你的客戶都是透過 FB 臉書廣告來的，這時候你可以多增加不同的廣告通路，例如 Google 的關鍵字廣告和 Youtube 廣告，也能運用報章雜誌廣告、電視廣告、廣播、看板和宣傳車等等傳統媒體的通路做曝光，每一個通路都是接觸更多人群的入口，也是增加更多收入的來源。

所以請以你的事業為核心來思考，可以向外延伸出哪些產品或提案，再搭配增加不同的廣告通路，擴大自己的事業規模並且提高收入，而不是投入一個新的領域，在新的領域你是從零開始，沒有人脈、沒有資源、經驗、技術和專業知識，在這種情況下失敗的機率是非常高的。

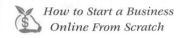

# 6 增加第五步驟的量

接下來我們要增加第五步驟的量，你可能有注意到這跟第一步創造收入和第二步增加收入其實是一樣的，所以增加第五步驟的量並不是指增加更多收入管道的量，而是指把新增加的收入管道變得更好，可以有穩定的收入，發揮最大的潛能之後，才是再增加第二個、第三個收入來源，而這個過程是需要時間的。

如果你一次增加太多的收入管道（產品線或提案），因為你的時間和精力是有限的，所以很難顧及所有事，反而讓自己手忙腳亂白忙一場。與其一次增加很多收入管道，不如先把一個做到極限，做到只需要維持正常運作，能創造穩定的收入之後再接著花時間建立下一個，這樣才會是最安全的，萬一未來因為大環境影響或是任何危機造成其中一個收入管道消失，你也不需要擔心，因為你還有其他收入管道。

# 7　把錢全部存起來

　　**與**第三步驟全部存起來並保持貧窮一樣，第七步驟也是全部存起來。這兩者的不同在於因為你已經創建了許多不同的收入管道，這些收入管道的量越來越大、越來越多，而你的生活開銷和消費水平並沒有增加，所以你可以存下來的錢變得更多了，累積金錢的速度也變得更快，你依然可以重複前面的步驟持續不斷建立新的收入管道。

　　然而這裡還不是終點，我們九大步驟還沒結束，截至目前為止所累積的錢都是為了後面最後兩步做準備，所以請切記第七步驟要把錢全部存起來。

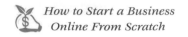

# 8 投資財務工具

第八個步驟是投資能讓錢變多的資產,但和第四步驟的投資有點不太一樣。第四步驟是投資自己的腦袋、知識,再延伸到自己身邊的人、另一半和事業夥伴,還有自己事業的未來等等,也就是說第四步驟的投資是在為自己的未來打基礎。

如果你還有印象,我曾提過人在一生中基本上只有三個金錢的問題,第一是「如何賺更多錢」、第二是「如何留下錢」、第三是「如何用錢賺更多錢」,第八步驟就是開始要用錢賺更多錢的階段,但如果你沒有在第四步驟先投資自己,沒有學會正確的財務知識、投資能力和金錢思維,你就無法將錢發揮到最大的效益,沒辦法將錢變成更多錢。

如果你已經準備好了,在第八步驟你要投資的是財務工具,也就是能讓錢變更多的資產。例如你想要投資房地產,那你就必須先學習有關房地產的知識,千萬不要在一知半解的情況下出手,不要心急地想:「先做再說,有問題再看怎麼解決,如果失敗了就當學費。」如果你是這種心態會很難收穫好結果的。

　　既然你的目標是建立可以賺更多錢的資產，那就應該要有一定要成功的意志，一出手就要獲得自己想要的結果，要做就要做到最好。

　　你可以選擇投資不同的財務工具，但就和第六步驟一樣，建議你最好是先將一個財務工具做好並且發展到有穩定的獲利之後，再投資下一個財務工具，逐步增加數量，穩扎穩打才能立於不敗之地。

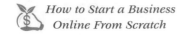

# 9 增加資產的數量

最後一個步驟我們要把重點放在增加資產的數量，而不是增加單一收入來源的量，因為有些資產到達一個極限之後就很難再提升了，例如你買了一層 30 坪的房子隔成五間坪數各 6 坪大小的套房，然後你為了要增加房數提升收益把坪數變成 1 坪，這樣可以有三十間套房，聽起來有點誇張但真的有類似像這樣的出租房，不過問題在你的獲利會有一個極限，你不太可能把 1 坪再變成 0.5 坪，你應該可以理解我要表達的意思。

所以更好的做法是增加房子的數量，例如你買了一間房子出租 3 萬，有十間房子出租就是 30 萬，增加越多數量就能有更多獲利，其他財務工具也是相同的道理。

以上就是創造財富的九大步驟，如果你能按照這九大步驟逐步去執行，你就在前往財富的道路上，只要方向正確，成功就是時間早晚的問題而已，剩下的就是端看你有多渴望，有多大的決心和行動力。

在下一章，我將正式和你分享本書的主題「從零開始打造

網路新事業的七大步驟」，我相信有了創造財富的九大步驟為基礎，運用本書交給你的知識來建立網路事業將會更加得心應手，因為網路行銷是運用在事業的其中一個工具，也可以說是幫助你創造財富的工具，先有了財務知識和正確的價值觀一切才能水到渠成。

　　現在翻開下一頁，進入網路行銷的世界吧！

# 第三篇

# 打造自動化的
# 網路印鈔機

Start From Scratch — Seven Steps To
Create Your Online Business

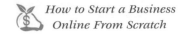
這本書是寫給想要用一台電腦，建立一台可以自動賺錢機器的人所寫的，就如同這一篇的篇名一樣，打造一台自動化的網路印鈔機。

如果你想要擁有更多的收入，達到財務自由的狀態，想要可以不用擔心錢的問題，任意支配自己的時間而不是每天做著枯燥乏味又賺不了大錢的工作，那這本書就是為你而寫的，也是秉持著這樣的理念而寫的。

我想接下來你的下一個問題可能會是：「真的可以打造自動化的網路印鈔機嗎？」

也許你會覺得很不可思議，覺得怎麼可能！但事實上這件事是確實可行的，因為不只是我，我輔導的學員以及越來越多人都已經成功做到在網路上自動賺錢了，而且因為現代資訊的發達與科技的進步，想要在網路上賺錢的門檻變得非常低，甚至只要一支手機就可以開始賺錢。

但就算如此還是有許多人不得其門而入，或是花了許多錢、許多時間學很多技術，卻還是搞不懂如何在網路上賺錢。

這是因為大多數人不瞭解網路行銷的全貌、流程與架構，導致這邊學一點、那邊學一點，接著發現學到的東西沒辦法拼接起來，就像水管中間斷了一截，水都漏光了當然賺不到錢，這是非常可惜的一件事。

又例如許多人以為只要狂下廣告導流量就可以賺錢，或是建立一個網站就可以開始有收入，這些都是錯誤的觀念，能不能建立一個可以成交客戶並且持續運轉的系統，才是真正可以讓你賺到錢的關鍵！

因為如果你的網站做得再好看、廣告觸及的人再多，如果無法成交就完全沒有任何意義了。

為了幫助更多人可以運用被驗證有效的觀念與技巧，有系統地學習網路行銷知識，最終建立自己的自動化網路印鈔機並且開始在網路上賺錢，你將在這本書裡學到網路成交的三大核心架構、建立事業結構的五個步驟、如何引導客戶購買產品的事業里程碑、以及如何創建內容和系統等等共七個建立網路新事業的步驟。

另外當你購買這本書之後，我還會免費贈送你線上課程，幫助你更具體瞭解自動化網路行銷系統的操作方法，讓你可以立刻建立自己的網路行銷系統，開始運用本書所教的方法在網路上賺錢。

如果以上都是你想要的，那就請繼續往下，讓我們一起開啟這趟旅程吧！

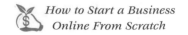

# 成為有錢人，聚焦在創造更多收入

不管你現在的職業是什麼，你可能是上班族、某個領域的專家、教練、業務或是自己創業的老闆，如果你想要富足自由的夢想生活，就必須把焦點放在「創造更多收入」這件事情上。

增加收入的方式有非常多種，例如你可以透過學習來提升自己的能力，爭取加薪或被高薪挖角的機會，或是用正職工作之餘的時間兼差賺錢，做個斜槓青年，或是投資金融工具，用錢來賺更多錢，這些都是不錯的方式。但無論你是用什麼方式來增加收入，想要成為有錢人，想要讓錢可以快速倍增的話，就一定要學會兩件事情。

第一件事情是「銷售」，第二件事情是「行銷」。

## 銷售能讓你賺大錢

沒有銷售就沒有收入！銷售是最基本賺錢的商業行為，我們身處的世界中任何事物都脫離不了銷售，你現在穿的衣服

是有人銷售給你的，你每天吃的三餐是有人銷售給你的，你的手機是有人銷售給你的，銷售在我們的日常生活當中不斷地發生，只不過我們已經習以為常，只有在別人刻意要賣東西給你的時候，你才會意識到對方在銷售。

但大多數時候我們完全沒有自覺，而你之所以會獲得衣服、食物、手機這些東西，是因為你用錢去交換，也就是說你被成交了。

銷售的目的就是要成交，只有成交，你才能賺到更多的收入，你成交的數量越多，你的收入就越多。假設你在一個月內賣出 100 件單價 1000 元的產品，在先不考量其他成本的情況下，你的月收入就是 10 萬元，如果賣出 500 件就是 50 萬元，1000 件就是 100 萬元！如果你賣的產品單價更高，收入也會更高！

現在你應該已經理解銷售有多重要，學會銷售可以讓你快速賺到很多錢。

但學會銷售還不夠，因為就算你的產品再好，你的銷售能力再強，如果沒有客戶也沒用，所以每一位老闆、每一位銷售員最大的煩惱就是「找不到客戶」，因此除了銷售以外，更重要的是要擁有「行銷」的能力。

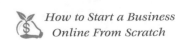
## 行銷能讓你致富

行銷就是找到你的潛在客戶。

如同前面所說，沒有客戶，就算產品再好、再會銷售也沒用，但如果你擁有行銷的能力，就能讓客戶慕名而來，主動來找你做生意、買你的產品，甚至可以讓客戶搶著跟你買、搶著把鈔票交給你！為什麼行銷可以做到這種效果呢？這是因為每一位客戶都會有一個等待被解決的問題，而你如果可以解決這個問題並且讓客戶知道，客戶就會自己主動來找你。

舉個例子，假設你在網路上看到了一個健身房的廣告（行銷活動），當下你可能沒有特別的感覺。然而許久之後，你突出發現自己竟然胖了 5 公斤（產生需求），這時候你想起之前看過的健身房廣告（品牌印象），於是你就去了那家健身房參觀，到了現場有一位業務員帶你參觀環境和介紹課程（銷售流程），在費用可以接受的情況下，你報名了第一期的健身課（成交），這就是從行銷轉入銷售，最終成交的過程。

因此如果你擁有行銷的能力，就能有源源不絕的客戶主動來找你，再也不必擔心客戶從哪裡來的問題。

你現在也知道了行銷的重要性，不管你從事什麼行業，行銷是你增加收入非常重要的關鍵！可以在客戶的心中佔據一個位置，當客戶有需求的時候第一個想到你，進而找你幫他解決

他的問題，接著你就賺到錢了！

　　但傳統的行銷方式通常需要非常龐大的費用，例如電視媒體行銷、平面媒體行銷、活動行銷、做海報、建大型立牌等等，每一種方式依照需求與規模的不同，可能需要數萬到數十萬、上百萬、甚至上千萬的行銷費用，如果你本身有可以運用的錢，可以嘗試操作看看，但對於一般人來說仍然是不小的挑戰，所以接下來我想分享給你的是一個更棒的方法，這個方法也是現在一般人想要翻身、想要建立源源不絕的自動化收入的最好機會。

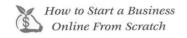
# 2 善用網路的力量

網路是目前最有效率、速度最快,同時最有機會用最少的成本達到最高收益的方式之一,甚至只要你有一支手機,就可以開始在網路賺錢。根據知名專業人士社群平台 LinkedIn 在 slideshare 網站上公布的數據,台灣使用網路的人數高達兩千萬,佔總人口 88%,其中 95% 的網路使用者每天會上網。而活躍的社交媒體使用者和移動社交媒體使用者也高達 2100 萬人,佔人口 89%。

以上的資訊代表什麼意思?這代表網路是一個巨大的金礦,只要你用對方法,就能將這些網路上的流量變成現金,甚至按下一個鍵,就能把網路變成一台屬於自己的印鈔機!

但請不要興奮得太早,透過網路行銷雖然的確可以辦到這件事,但絕對不是一種可以讓你快速致富的方法,我們仍要回歸到賺錢最基本的原則:「創造價值,滿足客戶的需求」,一旦偏離這個原則,就算你使用再酷炫的工具,再厲害的策略,也沒辦法讓你賺到錢,因此請記住一件事:「金錢的本質是價值的交換」,簡單來說就是我把錢給你,你可以給我什麼?瞭解這一點之後,你才能用正確的方法在網路上賺到錢。

　　前面向你提到，全台灣有 88％ 的人會上網，而且其中有 95％ 的人每天都會上網，我也向你提過創造價值，滿足客戶需求是賺錢的基本原則，所以下一步是從龐大的網路人口中找到你的目標客戶，或者也可以說找到一個需求市場。

　　例如你是一位健身教練，你可以幫助客戶減重瘦身，所以你可以從網路中去找到有需求的潛在客戶，和他接觸並展示你的產品和服務，因為客戶原本就有需求，所以只要讓客戶相信你可以幫助到他，客戶就有很高的機率成為你的買家。但既然我們所談論的是在網路上賺錢，所以只是把你的產品和服務變成線上化而已，這個過程基本上是一樣的。

　　大致來說，在網路上賺錢的流程如下：

1. 找到一個巨大的流量集中場所
2. 發現需求市場或找到你的目標客戶
3. 接觸客戶，展示提案並溝通價值，告訴客戶你可以幫他解決什麼問題
4. 成交

　　透過以上流程，你可以在網路上建立自動化的賺錢系統，猶如一台 24 小時幫你賺錢的機器一樣。我將這個流程拆分成七大步驟，每一個步驟就像組裝這台網路賺錢機器的零件一樣，少掉一個步驟就無法正常運轉。

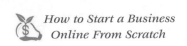

但好消息是，如果你順利的組裝完成這台機器，你的事業就會像一台跑車一樣，加速奔馳往你的目標前進！

##  開始建立你的網路事業

接下來我將從網路行銷最核心的架構開始，一步一步引導你走完這七個步驟，最終建立起屬於你自己的網路事業，打造一台 24 小時不斷自動幫你賺錢的機器。

請放心，就算你沒有任何網路相關的技能和經驗，甚至你只會關機和開機，都不會對你閱讀這本書有任何影響，因為網路行銷只是一種工具，目的是透過網路快速、便利等諸多的優勢來找到更多客戶，進而自動化的銷售和成交來賺錢，所以每一個步驟都不會涉及到技術層面的專業知識，而是讓你瞭解如何用網路建立事業的流程、觀念和心法。

因為賺錢這件事就是在做人的生意，既然是人的生意就必須要從人性出發，因此這本書所要教給你的知識並不會因為時間而淘汰，也不會因為平台消失或工具故障而導致你的網路事業有倒閉的風險，就像車子的輪胎爆胎一樣，只要換上一個新的輪胎又可以正常運作。

準備好了嗎？讓我們開始吧！

#  網路成交三大核心架構

網路成交的三大核心架構分別是「流量」、「系統」、「提案」，基本上無論是線上（網路）或線下（實體），任何商業模式都不會脫離這三個核心架構的範疇。

##  流量

所謂的流量就是人從哪裡來？也可以理解成人潮的意思。有人的地方就會有需求，有很多人的地方就會有很多需求，所以我們只要找到足夠大的流量，並且知道這群人想要什麼、需要什麼，然後再把他們想要的東西給他們，我們就有機會在網路上賺錢！

## 去哪裡找到流量

尋找流量的概念有點像實體店面做生意，假設你要開一家店，通常會想要開在人潮多的地方，例如火車站、商業區或旅遊景點，這樣才有可能有人看見，才能跟你做生意。同樣的道理，所以我們要先知道網路上的人都聚集在什麼地方，也就是哪裡的流量最大？

根據市調網站「Visual Capitalist」在 2019 年 8/7 公佈的「全球 100 大流量網站排行榜」的調查報告中指出，以搜尋引擎龍頭 Google 的每月造訪人數最高，每個月造訪人數約 604.9 億，第二名為 YouTube，每月造訪人數達 243.1 億，第三名是 Facebook，每月造訪人數達 199.8 億次！

這三個網站都擁有非常大的流量，而且不斷地持續增加，所以如果你可以挖掘出這三個地方的人有什麼需求，他們想要什麼，那你就有很大的機會可以在網路上賺錢！

| | Site | Daily Time on Site | Daily Pageviews per Visitor | % of Traffic From Search | Total Sites Linking In |
|---|---|---|---|---|---|
| 1 | Google.com | 14:34 | 16.24 | 0.40% | 1,694,563 |
| 2 | Youtube.com | 15:09 | 8.32 | 15.40% | 1,283,608 |
| 3 | Ettoday.net | 3:23 | 2.30 | 25.90% | 12,331 |
| 4 | Pixnet.net | 2:50 | 2.30 | 61.50% | 53,753 |
| 5 | Yahoo.com | 4:41 | 4.48 | 7.80% | 388,348 |
| 6 | Setn.com | 3:34 | 1.38 | 22.00% | 5,566 |
| 7 | Google.com.tw | 4:10 | 9.19 | 10.50% | 9,886 |
| 8 | Momoshop.com.tw | 5:55 | 3.02 | 36.90% | 15,661 |
| 9 | Facebook.com | 18:55 | 8.47 | 8.30% | 2,941,214 |
| 10 | Ltn.com.tw | 3:25 | 2.50 | 33.90% | 21,048 |

▲ 2020 年台灣網站流量排名前十名

理解了流量的概念之後，我們進一步要從這些巨大的流量
場所當中，將可能對我們產品有興趣的客戶引導出來，這個動
作稱為「抓潛」，也就是找出潛在客戶的意思，並且讓這些潛
在客戶進入我們已經建構好的系統當中。

　　根據引導流量的方式不同，可以將流量分成三種類型，分
別是「自然流量」、「付費流量」、「自有流量」。

## 自然流量

　　客戶自己透過搜尋引擎尋找他想要知道的訊息，然後看
到你的網站，接著點擊連結，或是從各個平台連結進入你的網
站，這種不是靠付費而來的流量就稱之為自然流量。通常是客
戶搜尋某一個特定的關鍵字，然後搜尋引擎就會將與這個關鍵
字有關的網站列在你的面前，例如某個網站主要跟健身有關，
那當客戶搜尋健身這個關鍵字的時候，那個與健身有關的網站
就有機會出現在客戶的面前，然後客戶自己點擊進入，這樣的
流量就可以稱為自然流量。這是一種取得自然流量的方法。

## 付費流量

　　付費流量就是透過付費廣告引導而來的流量，也就是買流

量，例如在搜尋引擎付費購買關鍵字廣告，或是在社群平台上針對目標客戶投放廣告，把自己的網站曝光在目標客戶面前，如果他們對你的廣告有興趣，就很有機會點擊進入你的網站，這樣的流量就稱之為付費流量。

## 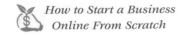 自有流量

自有流量是指自己本來就擁有的流量，例如你擁有客戶名單，或是訂閱你網站的會員，你在社交平台上的粉絲等等，你可以直接和客戶聯繫，把他們引導回你的網站或其他地方，這就是自有流量。

## 系統

系統就是成交的流程，一個陌生人從完全不認識你，進一步認識你、瞭解你、信任你，到最後跟你買東西的一連串流程。只要確定這個流程可以正常運轉並且賺到錢，就可以運用各種工具把這個過程設定成自動化，就像建立了一台自動賺錢的機器一樣。

但許多人放錯了重點，認為架設了網站，或是打廣告之後就能在網路上賺錢、增加業績，這是導致許多企業老闆搞不

懂為何無法獲利的主要原因，因為客戶之所以會和我們購買產品，除了價格、需求或贈品等等要素之外，最核心的關鍵之一是因為信任感，如果沒有信任感，就算你的產品可以治百病、可以幫助客戶解除任何煩惱，也很難讓客戶拿出信用卡下單，事業就無法長久經營。

而我們所架設的網站也好、社群媒體也好，都是在引導客戶一步一步往自己靠近，並且持續推進客戶前進的工具罷了。

為了要建立在客戶心目中正面的形象，成為客戶有需求時的第一選擇，我們必須不斷地曝光，持續地出現在客戶面前，和客戶保持聯繫，因此也會有許多人使用各種不同的工具來自動化開發和跟進客戶。

但需要注意的是，這些工具如果使用不當，也會讓自己事業造成很大的風險。例如坊間有許多自動加人程式、自動發訊息軟體、自動貼文等等，並不是說這些工具不好，如果可以運用這些工具達到自己想要結果、發展事業和增加業績，那也是一件很不錯的事，但重點是這些工具如果使用的方式不正確，就可能會打擊到自己的品牌形象，最嚴重會毀滅自己的事業信譽。

試想一下，當你正在上網時，突然有一個陌生人突然加你好友，接著在你還摸不清頭緒的時候，這個陌生人傳了一大串

莫名其妙的廣告訊息給你，還要求你幫他分享，完全沒有顧慮到你的感受，這時候你會怎麼做？

封鎖他！

沒錯，這是一般人很正常的反應，你再也不願意收到類似的訊息。

同樣的道理，如果你在經營事業的時候也是用這種方式在開發客戶，你的品牌、事業形象就會成為客戶心中的黑名單，而且通常成為黑名單之後想翻身的機會微乎其微，因為你再也無法獲得客戶的信任，事業終將只有毀滅一途。

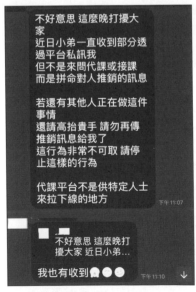

▲網友不斷被訊息騷擾而引發公憤

另一方面，各大社交媒體平台也不會容忍你在他們的平台上使用這些工具，一旦被發現就會立刻被停權帳號，你辛苦建立起的事業瞬間就會消失。

因此未來無論你經營的是什麼產業，請記得客戶之所以會願意和你做生意，是因為客戶信任你，你所使用的每一個工具、設計的每一個流程、做的每一次溝通都是在強化客戶對你的信任感，讓客戶逐漸往你靠近。

如果客戶對你有強大的信任感，相信你可以解決他的問題，幫助他可以更好並獲得他想要的結果，那你就能從競爭的市場中脫穎而出，讓客戶成為你的死忠鐵粉，締結一輩子的關係。

信任是所有關係的基礎，是事業發展的核心。

## $ 提案

提案就是解決客戶問題的方案，可以是有形或無形的產品和服務。

在網路上的每一個人都會有一個或數個等待被解決的問題，這些問題造成他們巨大的煩惱和痛苦，期待著有人可以趕快幫助他們脫離苦海，所以我們就可以給出一個方案來幫助這

些人解除痛苦，變得更好，人生更美滿，也因此我們可以獲得相對的報酬。

例如有一位客戶因為體態的緣故所以失戀了（痛苦），因此他想要透過減重瘦身重新找回自信（需求），如果你是一位健身教練，當然要好好的幫助他，所以你提供一套在三個月內變成肌肉猛男的訓練計畫來幫助他（提案），如果他購買了你的訓練計畫，你就成交了這一筆生意！這就是提案。

## 有形產品 vs 無形產品

基本上有形產品會比無形產品更好賣，因為有形產品看得到、摸得到，客戶在心理上比較踏實，而且只要客戶使用之後覺得不錯，就有很高機率重複購買。但無形產品因為只能憑空想像，客戶很難感受到無形產品實際上能帶給他的好處，而且很多無形產品是無法讓客戶事前體驗的，例如理財類相關產品，所以必須更多的溝通才能讓客戶願意買單。

但有些無形產品的好處在於幾乎不需要成本，例如教學影片、電子書等等，只需要花費一些時間製作就可以重複使用，一旦成交就是 100%的淨利潤（如果用網路平台交易會有手續費），而有形產品可能需要先支付進貨或製造的成本，才能從中賺取毛利價差，相比之下無形產品有更大的獲利空間，可以

說有形產品和無形產品各有優勢。

- ▶ 網路成交的三個核心架構：流量、系統、提案。
- ▶ 三種流量來源：自然流量、付費流量、自有流量。
- ▶ 信任是所有關係的基礎，是事業發展的核心。
- ▶ 產品分為有形產品（服務）與無形產品（服務）。

# 第四篇

# 建立網路新事業七大步驟

Start From Scratch — Seven Steps To
Create Your Online Business

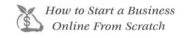

 **第 1 步：建立事業結構**

在開始打造網路新事業的時候，最重要的關鍵並不是產品、賣點或客戶是誰，而是先建立事業結構，建構出一套完整的成交流程。

唯有成交才有獲利，有獲利才能讓企業繼續存在，否則只有倒閉，就算產品再好，如果成交的流程沒有先建構完成，就會像堵塞的水龍頭一樣，拚命轉動開關也不會有水流出來。

如果你本身已經是一家企業的老闆，正疑惑為什麼營收提不上來、業績一動不動，在你加碼廣告費之前不妨先重新檢視一下自己公司的體質和商業模式，檢查是哪一個環節堵塞了，找出問題並且修正，會比一味地燒廣告費更有用。

因為廣告是一個放大器，能將你原本的結果放大，但前提必須要是好結果才行，如果你公司的體質和商業模式原本就有問題，沒辦法獲利，那壞的結果就會被放大，加大廣告預算就會造成更多的虧損。

相反的，如果一開始有建構好完整流暢的事業結構，並且經過測試可以順利產生獲利，接下來才是用廣告放大，將獲利

最大化的提升。

完整的事業結構共有 5 個步驟，分別是——

1. 「接觸客戶」
2. 「建立名單」
3. 「初次成交」
4. 「追售」
5. 「轉介紹」

如果以初次成交為分隔線，在初次成交之前的流程稱為「行銷流程」，又稱為「前端」，在初次成交之後的流程稱為「銷售流程」，又稱為「後端」。

## 前端和後端

前端即是行銷流程，目標是找到更多客戶並帶進後端，而後端就是銷售流程，銷售流程的目標就是成交客戶。

再次複習，銷售等於收入，沒有銷售就沒有收入，不先理解前端與後端的關係，就容易搞不清楚公司沒辦法賺錢的真正原因，以為是廣告費花不夠所以沒有業績，所以拚命的燒廣告費、拚命加預算，但真正的原因可能是銷售流程有問題，網站的動線設計不佳，客戶找不到結帳的按鈕，或是網頁看起來太

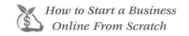
像詐騙，也可能是因為文案沒有引發客戶的購買欲望等等，這些都是屬於後端銷售流程有狀況，造成無法獲利的常見問題。

另一種情況是，你發現產品的成交率很高，幾乎是單單成交，但是獲利的速度卻很慢，賺錢的速度趕不上花錢的速度，這可能是前端的行銷流程出了問題，你引導進很多流量但效果不好，沒辦法幫你把人潮帶進來，或是你沒有和客戶建立好關係，導致客戶雖然有需求但是卻不是跟你買。

現在請你判斷以下兩種情況是前端有問題，還是後端有問題？

✱ 情況一：廣告的成效很好，進入你網站的流量很多，但是成交率卻很低，產品賣不出去，業績拉不高。

✱ 情況二：成交率很高，幾乎只要有流量進入網站就會成交，但是只賺少少的錢，沒辦法把獲利放大。

情況一是後端的銷售流程出了問題，雖然廣告的成效很好，帶進許多流量，但是人們進入網站之後卻直接離開了，原則上人們之所以會想要進入網站，是因為對你的產品或主題有興趣，所以必須針對網站進行檢視，找出為何客戶不購買的原因才行。

情況二是前端的行銷流程出了問題，這就像你有一個成交

率非常高的銷售高手，幾乎只要給他談過的客戶都會成交，但因為客戶的數量不夠，所以英雄無用武之地，你的事業自然也無法擴張了。

以上是檢視事業結構的簡單方式。網路行銷是一體成型的，必須用宏觀的視野來看待整個事業的流程才行，否則當問題發生時就不容易知道到底哪裡需要修正，因此透過檢視前端和後端，我們可以找出到底是行銷流程還是銷售流程出問題，進一步修正流程，把堵塞的地方打通，讓水（錢）可以順利流出。

## 接觸客戶

接觸客戶是成交流程當中的第一步，當我們在網路上找到人們聚集的巨大流量場所後，接著要從中接觸可能對我們的產品和服務有興趣的人，透過自然流量或付費流量的方式，將流量引導到我們想要客戶去的地方，例如購物網站、部落格或個人網站等等。

## 建立名單

接觸到客戶之後，第二步是建立客戶的名單。

名單是網路事業最重要的資產，也是企業獲利的根本，只要擁有客戶名單，就算事業從頭來過也可以很快東山再起。

為什麼客戶名單是最重要的資產呢？因為就算有一天臉書停機了，或是 Google 宣布退出不玩了，或是任何一個網路平台關閉了，你原本的粉絲和客戶就一起消失，你的事業就跟著完蛋！

但是只要你手上還握有客戶的名單，你就不需要擔心和原本的客戶失去聯繫，你很快就能東山再起。

而且擁有客戶的名單，就可以直接和客戶溝通，能夠降低成本，名單也是目前被證實依然是獲利最好的方式之一。

## 名單的威力

你是博客來的會員嗎？你曾經在博客來買過書嗎？你是不是經常收到博客來寄給你的信？

根據國內知名網路書店博客來所公布，博客來大約有近 900 萬的會員用戶，這代表博客來只要發一封信，就可以馬上接觸到 900 萬的客戶。

而且如果你曾經在博客來買過東西，會發現博客來有一條

購買滿 350 元免運費的優惠方案，因為這個方案，大部分的人都會買超過 350 元以上。

現在我們假設博客來發這封信的成交率是 1 %，成交金額是 350 元，則博客來發一次信的獲利就是 $9000000 \times 0.01 \times 350 = 31500000$ 元。

這就是客戶名單的威力！

但現在很多人在網路做生意都沒有建立客戶名單，這是非常可惜的，因為這樣他們就少賺了很多錢，而且成本也無法降低。

更可怕的是，萬一有一天你使用的網路平台無預警的關閉或發生重大危機（例如被駭客入侵），因為你沒有建立名單，你的網路事業可能在一瞬間就消失了。

為了避免有這種事情發生，現在就開始建立你的客戶名單吧。

建立名單的方式有很多種，以下依照取得方式、和客戶聯繫的方式區分成三種不同種類的客戶名單。

### 1 E-mail 名單

擁有 E-mail 名單就代表你可以直接和客戶聯絡，透過寄

信的方式，可以將任何消息和資訊傳遞給你的客戶，你也可以在信中放入網址，將客戶引導到任何你想要他去的地方，或是直接在信中對客戶銷售，賣給客戶你最新的產品或促銷方案。

## 2 社群媒體名單

在你的 FB 粉絲專頁按讚、和追蹤你 Instagram 帳號的粉絲，訂閱你 Youtube 頻道的用戶，加入你的 LINE@ 的好友等等，這些都是你在社群媒體上的名單。

當人們成為你的社群媒體名單之後，客戶就能隨時看到你發佈的最新訊息，例如你在 Youtube 上的最新影片、剛剛發佈的 IG 照片、你在臉書的直播等等，藉此可以和人們互動，進一步銷售產品和創造出多元的商業合作機會。

## 3 再行銷名單

你一定有過這種經驗，當你在網路上點擊過一個廣告，或是曾經搜尋過某一個關鍵字、進入過某一個網頁，接著之後不管你到哪個網站，都會持續看到那個廣告，就好像被鎖定一樣，跑也跑不掉，這就是再行銷。

再行銷的威力非常強大，因為有非常多的原因導致客戶並不會當下就購買你的產品，客戶可能要按下購買按鈕的時候突然電話響了，或是想要再考慮一下，也可能突然被其他事物干

擾了，任何事情都有可能發生。

透過再行銷，我們可以持續出現在客戶的面前，提醒他按下購買按鈕。

擁有再行銷名單，除非客戶不用網路，否則我們可以跟著客戶到天涯海角，直到他買單為止。

在三種名單當中，E-mail 名單是最重要，是你一定要取得的名單，但你可能會想，現在還有人會看 E-mail 嗎？

事實上，就算現在人和人之間有著各種聯絡的方式，但重要的文件和公司之間的往來，資料寄送，都還是倚靠 E-mail，而且不管你註冊任何一個網路社交平台，都必須要用 E-mail 來註冊，同時 E-mail 也是從網路誕生以來就一直存在的東西，就像地址一樣，人們也不會隨便去更換，所以換言之，只要你握有客戶的 E-mail，你就可以掌握客戶一輩子。

甚至我們可以將 E-mail 名單上傳到 FB，生成再行銷名單來打廣告，再次接觸客戶，或是你也可以發送 E-mail 通知你的客戶去訂閱你最近剛建立的 Youtube 頻道，增加你在網路上的影響力，這些都是 E-mail 名單為什麼如此重要的原因。

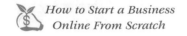

## 用免費贈品交換客戶資料

想要讓客戶自願把他的資訊交給你不是一件容易的事，因為沒有人會隨便把自己家的地址、電話和其他重要的個人訊息透露給陌生人，如果要你把自己的個人資料交給網路上一個你從來沒見過面的人，你會願意嗎？一定也不願意吧？因為太危險了！誰知道這個陌生人會把我的資料拿去做什麼用途，可能拿去詐騙或什麼可怕的事。

但如果有好處，那就另當別論了。

在網路上的每一個人都有一個等待被解決的問題，如果你提供一個可以幫助人們解決這個問題的「贈品」，只要他們用自己的個人資料交換，就可以免費獲得，立刻解決他們的問題，那獲得客戶資料的機率就增加了。

你經常可以在許多網站上見過有一個「免費領取」的表單，只要你提供個人資料交換，就可以獲得免費的資訊或贈品，例如電子書、報告書、圖表或教學影片等等，你也可以用相同的方法獲得客戶的資料，建立名單。

常見的贈品形式如下：

1. 電子書
2. 報告書

3. 圖片、照片

4. 線上課程

5. 檢核表

6. 簡報

7. 圖表

8. 教學影片

除了以上 8 種贈品形式，也可以創造出不同種類的贈品。

以下是製作贈品的重點和步驟——

1. **越簡單越好，最好是一張圖或一張表，讓客戶可以快速瞭解內容並建立基礎觀念。**

2. **如果是電子書，最好不要超過 7 頁，每頁不要把字塞得滿滿的，以容易閱讀為主。**

3. **針對你的目標客群列出所有會遇到的問題。**

4. **找出三個立刻可以幫他解決的問題。**

5. **將問題轉變成有價值的內容，製作成贈品。**

6. **除了免費贈品，額外提供客戶更多好處。**

 **初次成交**

從一開始的接觸客戶，接著建立起大量的客戶名單之後，第三個流程便是進行銷售，目標是將這些潛在客戶名單變成買

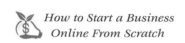

家名單。

初次成交的意義非常重大,因為這除了代表流程和步驟正確以外,你也具備了將流量變成現金的能力,以及驗證了客戶真的願意付錢購買你的產品。

做生意最害怕的就是不知道客戶真正想要的是什麼,有時候客戶跟你說的不一定是他內心真正的想法,很可能會有你根據客戶的調查結果去製作產品,結果卻賣不掉的情況發生。

會有這樣情形,是因為有時候連客戶也不知道自己需要的是什麼,所以當你根據客戶的意見推出產品時,因為不符合客戶真正的需求,自然也就賣不掉了。

為了避免犯下這個會危及事業的錯誤,最好的辦法就是先進行測試,如果客戶願意買單,就代表這個產品可行,反之如果客戶不願意購買,就必須思考是不是因為產品不符合客戶期待的關係,或是其他可能的因素,例如價格超出客戶能力、信任度不足、沒有讓客戶充分認知到產品價值等等的問題。

總而言之,讓客戶用錢投票,只有當客戶願意拿出信用卡下單,才能確定真的有市場,否則一切都是空談。

以下是客戶願意購買你的產品背後所代表的意義:

**1. 有實際可獲利的需求市場**

2. 客戶對你的產品和主題有高度興趣

3. 客戶對你有足夠的信任感

4. 是精準的目標客群

5. 你的產品對客戶有實質幫助

6. 該目標客群具備支付能力

7. 客戶可能有立即性的需求

8. 你的產品反映出客戶目前處於某個階段

##  儘早讓客戶知道你會賣他東西

你可能曾經見過類似的情況,許多網路直播主或是網紅很努力經營著自己的頻道,粉絲人數也穩定的增加,但是有一天當他們開始業配、開始賣東西的時候,粉絲人數就大幅度的下降,許多粉絲都取消追蹤,熱絡程度不如當初。

會造成這種情況是因為,這些直播主和網紅一開始並沒有讓粉絲知道他們會銷售,所以當他們開始業配賣東西的時候,會讓粉絲覺得感覺變了,變得很商業、怎麼一直在賣東西,粉絲會有一種被騙的感覺。

相反的,如果一開始就讓粉絲知道你會賣東西,甚至一直賣,或許粉絲不會一開始就買單,但至少願意留下來的才是真正支持你的人,而且因為你一開始就表明了你會銷售,所以真

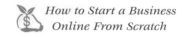
的有需求，欣賞你的人和會願意購買的人就會被你吸引而來。

有個很不錯的例子，就是某位號稱業配之王的知名 Youtuber，這位 Youtuber 的特色是無厘頭的搞笑影片，因為神展開的劇情風格經常被各大媒體平台轉發分享，而他的影片幾乎都會置入產品銷售，擺明了就是要賣東西，但因為他總是可以用產品延伸出莫名其妙的搞笑劇情，粉絲們明明知道是在賣東西，但是也看得很開心，也因此許多大品牌和廠商都樂於找他合作，進而讓他賺到很多業配收入。

##  縮短從潛在客戶變買家的時間

除了儘早讓客戶知道你會賣東西以外，初次成交還有另一個重點，就是越早把客戶從還沒買過你產品的潛在客戶，變成買過你產品的買家客戶。

在第二步驟「建立名單」的環節時，我們已經獲得了客戶的名單，最好的情況是在客戶願意交出他的個人資料的時候，我們就馬上對客戶銷售，賣他第一個產品。因為客戶在填入他的資料並且按下「送出」的當下，在心態上等於是在向我們說「Yes」。

銷售客戶最好的時機，就是客戶被成交的當下，因為客戶

在心態上已經對我們說了「Yes」，所以立刻對客戶銷售的成交率也會比較高。

這種感覺就像去便利商店買東西結帳的時候，店員會跟你說如果加購一個產品有優惠，或是告訴你有最新推出的活動，問你要不要參加，因為當下已經是被成交的狀態，所以很有可能就被再次成交了。

一旦客戶購買了之後，即代表客戶對我們有足夠的信任感，如果可以越快將客戶變成實際購買過我們產品的買家，未來就能更容易讓客戶回購以及購買我們更多其他的產品，獲得更多的利潤。

##  最好的初次成交產品

個人認為最好的初次成交的產品就是「資訊型產品」。所謂的資訊型產品就是把你的知識、資訊或專長變成有價值的產品，有可能是影片、文字或圖片和諮詢等等不同的形式銷售給客戶，也就是近年很熱門的「知識變現」。

現在網路上也有許多線上學習平台，在這些平台中你可以自由選擇自己有興趣的課程付費學習，或是付費訂閱商業雜誌的線上版，每天會寄一封有關商業的資訊給你，還有付費加入

會員制的網路主題社團，在社團內可以互相交流、諮詢、下載資源等等，以上這些全部都算是資訊型產品。

以下是資訊型產品的優勢——

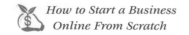 **門檻低**

資訊型產品最大的成本就是需要花時間創造，但除此之外幾乎不需要額外的設備，只需要一支可以錄影、錄音、拍照的手機和一台可以上網的電腦（甚至不需要電腦）就可以開始，在現在這個人手一支手機的網路時代，創造資訊型產品變得非常容易。

**2 可以重複使用**

資訊型產品因為是無形的產品，只要創造一次就可以重複使用，也沒有保存期限的問題。

**3 沒有時間和距離限制**

資訊型產品主要透過網路傳遞給客戶，可以自由在任何時間和任何地點取得產品，就算你和客戶分別在地球的兩端也沒有問題。（噢，當然要有網路）

**4 高利潤**

因為在網路上販售資訊型產品的成本非常低，甚至沒有成

本,所以賣出去後所獲得的是完全的淨利潤,你賣 3000 元就是獲利 3000 元,賣 10 萬就是 10 萬的淨利潤,獲利空間非常大。(如果使用第三方線上交易平台可能會有額外費用)

### 5 沒有物流和存貨問題

實體產品因為要先進貨,還沒賣出去之前就必須要找地方存放,當客戶下單後需要運送給客戶,距離越遠,到貨的時間就越長,庫存和物流都是必要的支出,資訊型產品則沒有庫存和物流問題,客戶購買後當下就可以獲得。

### 6 可塑造專家權威形象

因為你在資訊型產品中透過影片或其他形式教導客戶,並且幫助他解決問題,客戶自然就會把你當成一位專家,信任度也會快速提升。

### 7 可以變成資產累積

資訊型產品不會因為時間而消失,所以可以隨著你不斷創造而累積,運用網路行銷自動化的特性,這些累積起來的資訊型產品就會變成帶給你源源不絕收入的資產。

### 8 容易變化與延伸

資訊型產品如果臨時要修改比較容易,如果是教學影片可

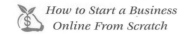
以透過剪輯增加或刪減內容，電子書、報告書、圖片等等要改變也不困難。在初次推出在市場上銷售時可以快速測試客戶反應，收集意見回饋改善。未來也能從其中一個受歡迎的主題產品延伸出更多資訊型產品。相反的，實體產品不如資訊型產品來得快速和彈性。

資訊型產品之所以是最好的初次成交產品，除了上述的優勢外，主要是因為可以快速塑造專家權威的形象，建立個人品牌，提升客戶對你的信任感，一旦客戶對你有高度信任感，未來推出更多的產品或服務都會有更高的成交率，甚至可以讓客戶成為你的忠實粉絲、變成鐵粉，你的事業也將進一步持續擴張。

##  客戶不購買的真正原因

做生意如果客戶不買單不打緊，只要知道原因就可以改善，但最害怕的是你搞不清楚客戶為什麼不買，因為客戶不買的原因有很多，但客戶可能不會直接告訴你他為什麼不買，令你不知道從何改善。

其實不管是實體的生意或線上的生意，我們都必須從人性出發，才能找出客戶不願意購買的真正原因，進一步幫助客戶前進。

以下列出 10 項客戶之所以不跟你買的原因,雖然客戶不買的原因一定不只這 10 項,可能有上千種理由,不過只要瞭解這 10 項原因,並且運用在你的事業上的話,相信一定能提高成交率。

## 1 客戶不知道你的存在

無論做什麼生意,最重要的第一步就是吸引客戶的注意,讓客戶知道你的存在,因為客戶沒辦法和他不知道的人做生意。

在資訊爆炸的時代,消費者的注意力非常分散,因為有太多資訊在爭奪消費者的目光,所以你不只有和同行競爭消費者的注意力,而是和所有會影響消費者注意力的事物競爭。

回想一下你走在路上看到滿街林立的招牌,現在你還對哪個招牌有印象嗎?再回想一下今天你滑手機時看到的廣告,你還記得起來幾支有印象的廣告嗎?如果你都回想不起來,更別說客戶會知道你是誰,又如何能和你做生意呢?

如果你是剛開始創業,那你的這個產業已經有許多競爭對手,客戶也有他原本習慣購買的品牌,在這種情況下如果你沒辦法讓客戶注意到你,那就別說要成交客戶了,因為你一點機會都沒有。

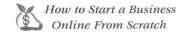

所以你最重要的任務，就是讓客戶知道你、注意到你。

## 2 客戶不知道你的產品或服務可以幫他們做什麼

如果你已經順利讓客戶注意到你了，下一個挑戰就是讓客戶知道你可以幫他做什麼？

人之所以會購買產品，是來自於兩種核心欲望，這兩種核心欲望一個是追求「快樂」，另一個是逃離「痛苦」。

要讓客戶願意拿出信用卡買單，就必須先知道客戶想要的是什麼？是什麼東西會讓客戶願意花錢獲得「快樂」？什麼東西讓客戶害怕、恐懼到想要馬上解決他的「痛苦」？

知道了客戶想要的是什麼之後，接下來就是要充分和客戶溝通，讓客戶瞭解你的產品或服務可以幫他獲得什麼結果，讓客戶知道只要購買你的產品，他就可以馬上獲得快樂或逃離痛苦。

另一種情況是客戶有在其他地方購買過和你類似的產品或服務，但是因為他不滿意或是沒有達到他想要的結果，所以想要找別的替代方案，只不過客戶從來沒有在你這裡買過東西，他對你不熟悉，也不確定你的東西是不是有他想要的功能？是不是有他想要的結果？所以會猶豫。搞了老半天，比較了很久之後，因為客戶還是無法瞭解你的產品，結果最後還是回去

跟原本的店家買，這就是第二個為什麼客戶不跟你買的主要原因。

### 3 客戶不相信你的產品或服務能讓他們得到想要的結果

你現在已經讓客戶知道你的存在了，也讓客戶知道你的產品或服務可以幫他做什麼，但客戶遲疑了很久後最後還是說……我再考慮看看，那第三個客戶不跟你買的原因可能是因為，客戶根本就不相信你的產品可以幫他得到他想要的結果，或者是你沒有讓客戶相信你真的可以辦到，所以客戶不願意購買一個不知道到底行不行的產品。

要讓客戶徹底相信你產品有效的最好方法，就是讓客戶親眼看到用你的產品實際創造出的結果，直接證明給他看，這會比起你對客戶說產品有多好或給客戶看大量見證，更能直接震撼客戶，說服客戶買單。

### 4 不相信你這個人

如果你已經做好前面三個步驟，客戶知道你的存在、知道你的產品可以幫他做什麼、也相信使用產品可以讓他獲得想要的結果，如果這樣客戶還是不買，那原因可能是出在他不相信你這個人，客戶不是不買，而是不跟你買。

可能你曾經也發生過這種情況，例如相同的產品在 A 店

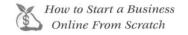

家買比較貴,在 B 店家買比較便宜,但你最後還是選擇去 A 店家買,為什麼會這樣子?因為你比較信任 A 店家,因為比較熟悉、知名度比較高、感覺比較好、印象比較深刻等等,相反地,由於你不認識 B 店家,覺得有風險、會有疑慮,感覺不安全,所以就算比較便宜,最後你還是選擇去 A 店家買。

要讓客戶相信你有很多種不同的方法,但取得一個人的信任並不是一天兩天的事,信任需要長時間的累積,信任也是所有成交的前提。如果客戶一開始就不相信你,縱使你拿出再多優惠、再多贈品和好處,客戶還是不會跟你買。

要建立客戶的信任,除了需要時間累積外,最重要的關鍵是實踐你對客戶所承諾的事,簡單來說就是「說到做到」,例如像準時到貨、說調整價格就真的調整價格、完成在官網上公告的事等等,這些看起來很小的事都會逐漸累積客戶對你的觀感。

## 5. 客戶不相信自己可以做到

好,現在客戶已經瞭解你的產品很棒,而且也相信你,但是因為客戶不相信自己可以做到,所以還是不願意購買。

客戶不相信自己可以做到,又可以分成以下兩種情況。

第一種是客戶過去有過不好的經驗,所以他覺得你的產品

對別人有效，但是對他沒效。例如你是一位健身教練，你可以幫客戶訓練出好看的身材，但是因為客戶過去嘗試過許多健身的方法但是都沒有成功，所以你拿了很多學員見證給他看，他還是覺得你的方法是對別人有用，但是對自己沒用。

第二種情況是客戶知道你的方法有用，但是過程太複雜、太麻煩了，客戶覺得自己做不到你給他的要求，所以他想要找其他更簡單快速的方法，或是直接放棄。

以上這兩種情況大多是因為客戶自己本身的心理層面問題，要解決「客戶不相信自己可以做到」這個問題有兩種做法。

第一種做法是不斷讓客戶看到和他有相同背景、相同狀況、相同想法的人辦到他想要的結果，分享成功故事。當他看到的次數夠多、衝擊的次數夠多，就能慢慢激起他想要改變的想法。

第二種做法是除了讓客戶不斷看到成功的案例外，讓客戶看到你的成長和突破，展示你新的方法、新的成就、新的紀錄等等，你和你其他的客戶持續地成長進步、越變越好，當客戶看到了正向變化就會開始思考是不是自己也辦得到，想要變得跟你一樣。

## 6 客戶現在沒有需求

我們經常會聽到客戶說他現在還不需要，所以沒有買，但現在不需要不代表未來不需要，也許客戶今天沒有買，結果明天就遇到問題了，所以持續地和客戶保持聯繫很重要，因為你不會知道客戶哪一天就會有需求，如果你要做客戶的生意，就必須讓客戶有需求的時候第一個想到你才行。

有時不是客戶沒有需求，而是還沒發現自己需要你的幫助而已，這就像很多人覺得自己身體很健康，結果去醫院檢查時才發現已經罹患重症了，所以我們的角色應該要像醫生一樣，由我們去檢視客戶需不需要，而不是讓客戶自己決定，如果讓客戶決定自己有沒有需求，就像病人跟醫生說自己身體很好不需要治療一樣。所以當客戶說自己現在不需要，不是真的不需要，而是他還沒發現自己的問題，也不知道你的產品可以幫助他什麼。

## 7 現在不買不會感覺到痛苦或恐懼

假設現在客戶有需求、也知道你的產品可以幫助他解決他的問題，而且很簡單不複雜，你也確認了客戶的購買意願，但他還是對你說要回去考慮看看，那可能問題就出在你沒有給客戶為什麼現在要購買的理由。

因為你沒有給客戶現在購買的理由，所以客戶會覺得現

在買跟明天沒有差別，既然今天買跟一週後買、一個月後買、一年後再買都不會有任何損失，那為什麼要現在買呢？以及客戶覺得他現在的狀況還可以接受，如果不改變也沒有太大的損失，他現在正在使用的產品還堪用沒必要換，這些都是客戶心裡會有的想法，之所以會有這些想法，是因為人們很習慣拖延，也很容易逃避問題，可能今天就算他遇到一個大問題，但因為還有時間，那就等到以後再解決好了，人只會想馬上解決急迫的問題，所以你要給他一個很迫切的理由，讓客戶現在就必須馬上下決定。

### 8 客戶沒有權力做決定

做生意的對象除了要有需求、有能力（支付）以外，還要能下決定，這就是所謂的 3A 級客戶。

當你費盡唇舌、耗盡九牛二虎之力終於說服客戶購買的時候，客戶默默吐出一句：「我要回去問我的另一半。」如果你就讓客戶回去問他另一半的意見的話，這筆訂單成交的機率就非常渺茫了，因為客戶不可能把你介紹的內容完整讓他的另一半瞭解，所以最後這筆訂單只會換來一句：「我的另一半說不需要。」就結束了。

要避免這種情況就必須在開始銷售之前就先找出決策者，又稱 Keyman（關鍵人物），否則繞了一大圈之後才發現對方

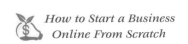
雖然想買但是沒辦法做決定，也只能跟你說抱歉了。

### 9 你沒有持續地跟進客戶，客戶忘記跟你買

在前面提過客戶不購買的真正原因的第一點是客戶不知道你的存在，如果你已經讓客戶知道你的存在後還不夠，因為這個時代資訊太多太雜，各種事物都在吸引和爭奪客戶的注意力，所以客戶很容易就把你忘記了，如果客戶把你忘記了，那你就跟不存在是一樣的意思。

為了要讓客戶在他有需求的時候第一個想到你，你必須持續地跟進客戶，隨時隨地出現在他的面前，不斷地提醒客戶趕快購買、提醒客戶你的產品好處以及提醒客戶的問題，讓他一直注意到你。

要持續跟進客戶還有一個很重要的原因，因為客戶的注意力普遍渙散，很容易常常做一件事情突然就被別的事物打斷了，例如忘記購物車要結帳、填信用卡資料忘記送出、在網路上看到一雙很好看的鞋子先存起來，後來就忘記了，以上這些事情無時無刻在發生，所以如果你沒有持續跟進客戶，那客戶就會忘記跟你買，跑去跟別人買了。

值得一提的是，要跟進提醒客戶記得購買並不是拚命地打電話、發簡訊或私訊，這會讓客戶覺得被騷擾，反而會留下負面印象，較好的做法是透過廣告用再行銷的方式出現在客戶面

前，或是運用直播出現在曾經訂閱過你的粉絲面前，並且要提供有價值的資訊，這樣客戶就不會覺得自己是在被推銷，同時因為你提供了對客戶有價值的內容，也在幫助客戶成長，對你的形象也大大加分。

## 10 沒有能力支付

「我沒有錢」，當客戶對你說出這句話的時候，我們必須先思考客戶是真的沒有錢，還是只是用沒錢當成不願意購買的藉口。

如果你曾經做過銷售員和做過生意，應該遇過一種情況，就是客戶對你說他沒有錢所以沒辦法買你的產品，或是說你的產品太貴了他錢不夠，結果沒幾天你發現他跑去買了一個比你產品還要貴的東西。咦，不是沒錢嗎？怎麼突然又有錢了？這代表客戶不是沒錢，只是用沒錢當成不買的藉口而已。

探尋客戶用沒錢當藉口的根本原因，是因為你沒有充分引發客戶想要購買的欲望，客戶不會買他需要的東西，客戶只會買他想要的東西，如果你無法讓客戶很想要得到你的產品，他就會用沒錢當成藉口。

如何引發客戶想要購買的欲望呢？除了從客戶的痛點著手，讓他因為想要解決問題而購買以外，其中一個關鍵就是要把「產品價值」和「產品價格」的落差加大。

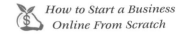

例如客戶只要用半價 150 萬就能買到一台全新價值 300 萬的賓士車,或只要 1 萬元就可以買到價值 30 萬的名錶,當價值和價格的落差越大,越能引發客戶購買的欲望。

說到底如果客戶真的想買,再貴都會生錢出來,這就是人性。

## 追售

成交流程的第四個步驟「追售」,簡單來說就是賣給客戶更多種不同的產品,因為每一位客戶不會只有一種需求,事實上客戶有許多不同的需求,所以你可以針對客戶的不同需求提供更多產品讓客戶購買。

舉個例子,假設一位女性客戶想要讓自己看起來更好看、更年輕,那她可能會購買一個有抗皺功能的保養品,但除了抗皺還不夠,她還會再各買一個保濕功能的化妝水和提亮肌膚的隔離霜,因為她想要眼睛看起來有精神,所以購買了假睫毛和有色隱形眼鏡,也經常購買女性時尚服飾,買一件襯衫還要加一條可以搭配的褲子,或許還有一個包包,這樣算起來這位女性客戶已經買了 6 ～ 7 種以上不同的產品,如果你是專門針對女性市場的店家,你就可以提供這位女性客戶更多產品,提高你的營收。

## $ 轉介紹

開發客戶的途徑分成以下三種：

1. 緣故
2. 陌生人
3. 轉介紹

第一種「緣故」是從自己身邊的人開始，親朋好友、小學到大學的同學、一起當兵的同袍、身邊的親戚等等，因為這些都是已經認識的人，所以有基本的信任感，開發成功的機率大約為 50％。

第二種是「陌生人」，路上的陌生人、社區大樓的住戶、同公司的職員、網路上的網友等等，因為陌生人不認識你，對你一無所知而且沒有信任度，所以開發成功率低，大約 25％。

第三種是「轉介紹」，透過朋友或是已成交客戶，請他們直接介紹對你的產品感興趣的人。

在這三種開發市場的途徑當中，轉介紹因為是透過別人直接推薦你的產品給他們的朋友，有口碑加成的效果，通常會推薦也是因為剛好他的朋友有需求，是直接客戶，所以成交率最高，大約 75％。

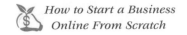

在網路上也有一種類似轉介紹的賺錢方式，叫做「聯盟行銷」，聯盟行銷是如果你沒有自己的產品，可以透過分享推薦別人的產品或服務，成交之後可以獲得分潤的商業模式。

目前台灣最知名的兩個聯盟行銷平台分別為「通路王」和「聯盟網」，在這兩個平台上可以找到許多不同的產品，非常適合剛開始網路創業和還沒有自己產品的人，透過分享建立網路事業，增加收入。

如果你已經有自己的產品，也可以運用聯盟行銷的方式讓別人推薦你的產品，幫助你的事業擴張、提升業績。

另一種讓客戶願意幫你轉介紹的方式是給予獎勵，例如有些餐廳會告訴客戶，如果在店內打卡或是自拍上傳社群平台並分享，就可以獲得免費點心或是享有優惠價。如果你是網路商家，也可以在你的網站內設計可以轉分享的功能，客戶只要願意分享就可以獲得獎勵，比如優惠價、可以換取贈品的點數等等，透過客戶的分享介紹，幾乎不需額外成本就能將業績和營收提高。

- 事業結構流程：接觸客戶、建立名單、初次成交、追售、轉介紹。
- 行銷流程是前端，銷售流程是後端。
- 名單是網路事業最重要的資產。
- 三種名單：Email 名單、社群媒體名單、再行銷名單。
- 用免費贈品交換客戶資料。

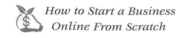

## 2 第 2 步：設計里程碑

在現實中，里程碑主要功用是展示自己目前位置與起點和目的地之間有多少距離的標記物，例如你也許會在高速公路上注意到在路邊每隔一段距離就會出現一面寫著數字的綠色金屬板，如果上面寫著「1」，就代表你離起點有1公里的距離，如果寫著「45」就代表你從起點開始已經移動了 45 公里，這就是里程碑。

如果將里程碑的概念運用在事業上，就可以幫助我們規劃出客戶從現況到夢想的過程當中，會需要經過的各個階段，針對客戶在每一個階段會遇到的困難和挑戰，提供可以幫助客戶解決問題的產品和服務，讓客戶可以順利地往下一個階段前進，最後到達終點，這個從起點（現況）一路到終點（夢想）的過程，就稱為事業里程碑。

舉個例子，假設有一位大學生的夢想是成為可以獨當一面，並且擁有自己餐廳的星級大廚。首先第一個里程碑也許是要先成為廚房的學徒，接著第二個里程碑是成為廚房助手，第三個里程碑是二廚，第四個里程碑是成為主廚，最後成為星級大廚。

　　如果要達成每一個里程碑的目標就需要具備相對應的能力、條件和工具，這些就是我們可以提供給客戶的產品和服務，例如廚具、服裝、書籍、課程等等，當他順利地成為學徒之後，下一個階段又會需要不同的東西來幫助他朝下一個目標前進，所以我們可以提供的產品又更多了。

　　如同圖表中所示，在從學徒前進到助手的過程中，這位大學生需要考取丙級證照，還需要廚師的服裝以及鍋鏟和菜刀等工具。

　　因此透過設計里程碑，我們可以延伸出各種不同的產品和服務以滿足客戶的需求，最大化和多元化地增加營收來源，不但幫助客戶更好，同時讓我們的事業得以蓬勃發展，這就是設計里程碑的重要性。

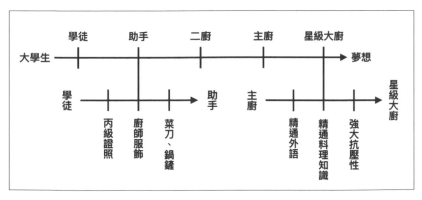

▲里程碑

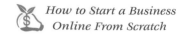

 **你要帶客戶去哪裡？**

在設計里程碑的時候，必須思考你想要帶領客戶到達的最終目的地是哪裡？也就是你要給客戶一個有足夠吸引力、客戶渴望得到的未來，這個未來可以稱之為「願景」。

願景除了可以激勵和吸引客戶，也可以給客戶一個具體的目標，一個讓客戶有動力前進的夢想。

例如你的願景是「幫助女性財務獨立、經濟自主的能力，成為擁有自己事業的女性企業家」，就會吸引認同你願景的人跟隨你，因為你的願景就是她們想要達到的目標。

 **建立多元的產品線**

增加營收有三種方法，第一種是增加每一位客戶的單筆交易金額、第二種是增加客戶數、第三種是增加客戶的回購率。

以上三種方法都可以有效提高營業額，這裡特別針對第一種方法，增加每一位客戶的單筆交易金額做分享。

每一位客戶不會只有一種需求，其實每一位客戶有各種不同的需求，客戶現在跟你購買產品只是在解決他其中一種問題而已，但是他會去跟別人購買別的產品來解決其他的問題，所

以在不增加客戶人數和回購率的情況下，如果你可以提供更多產品，就能增加客戶單筆的消費金額，快速增加營業額。

前文提過里程碑的概念，客戶在不同的階段會遇到不同的問題和挑戰，你要做的就是提供客戶需要的產品來幫助他解決問題，協助他前進，因此你可以列出客戶在每個階段會遇到的所有問題，並且針對每一個問題提供產品給客戶，這也是在「建立事業結構」這個章節所提的「追售」，賣給客戶更多產品。

假設你從事的是美業行業，主要提供女性客戶美容保養方面的服務，你的客戶既然會來做美容，一定是非常注重外表，因此她除了美容，也可能會去美髮、美甲、美體、紋繡，也可能會購買有關可以讓自己更漂亮的東西，例如衣服、鞋子、手鍊、耳環等等，為了讓自己有氣質，她可能也對美姿美儀課程有興趣，或是能讓自己身材更好的健身課程，以上這些產品和服務都是在幫助客戶達成變漂亮的目的，所以針對客戶目前所在的階段提供不同需求的產品和服務，就能增加營業額。

在設計里程碑需要注意的是，你一樣可以專注在特定領域提供產品給客戶，但是其他的產品可以透過和別人合作，因為你的客戶也可能是別人的目標客群，藉由商業結盟一起將各自的市場擴張。

##  不同階段提供客戶解決特定問題的產品

每一個產品只能解決客戶在里程碑當中，其中一個階段的某個特定問題，這必須要看客戶目前所處的階段在哪裡。打個比方，新客戶和老客戶所處的階段和需求一定是不一樣的，新客戶可能在能力、知識和財務上比較初階，遇到的問題也是比較容易解決的，所以我們提供給新客戶的是低價位的入門方案。

相反的，老客戶因為遇到的問題比較複雜，比較難解決，所以需要更進階、更多資源的方案，當然價格也會比較高。

當你在發展事業的時候，不同階段的客戶就會從不同的位置進入里程碑，接著因為你提供的方案解決他的問題，進入到下一個階段，再度遇到新的問題，再提供新的方案給他，反覆循環來獲利。

重點複習

◉ 里程碑就是客戶從現況到達夢想的每一個階段。

◉ 客戶不會只有一種問題，客戶會有很多不同的問題，你要提供更多產品幫助客戶解決問題。

#  第3步：用品牌思維創建內容

現在你已經知道了要建立事業結構以及設計里程碑，有了這些基礎之後，接下來則是要準備上戰場前的前置作業。

前文我曾經提過，信任感是成交最強大的武器，如果客戶對你沒有信任感，就算你的產品可以治百病也無法讓客戶買單，因為他會覺得你是詐騙！認為你的產品無法幫助他，沒辦法解決他的問題。

為了建立客戶對我們的信任感，必須經營品牌，品牌簡單來說就是影響力，就是客戶有多認識你，因此經營品牌不只是在提升客戶對我們的信任感，同時也是讓客戶可以更瞭解我們，對產品更熟悉，甚至對我們產生情感上的連結，最終變成瘋狂的粉絲。

最佳舉例就是世界上最有影響力之一的品牌「迪士尼」。

迪士尼是一個帶來夢想與歡樂的王國，以夢想和歡樂為核心，迪士尼創建了許多精彩的故事，小從幼童，大至成人，透過圖書、電影、卡通、影集等等各種方式征服各個年齡層的心，

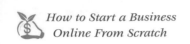

同時推出周邊產品，造就了年營收破百億的超大企業。

迪士尼所推出的故事就是所謂的內容，同時也是他的產品，例如迪士尼旗下品牌「漫威」的一系列英雄電影，每一部都創下驚人的票房成績，讓迪士尼大賺鈔票，同時也在全球累積了上千萬名粉絲，周邊產品的銷售成績也非常驚人，因此經營品牌並以品牌核心去創建內容，是打造強大影響力，建立客戶信任感和忠誠度的關鍵，就如同迪士尼打造人們心目中的夢想、創造歡樂一樣。

 ## 個人品牌和商業品牌的差別

 ### 1 商業品牌可以轉移，個人品牌無法轉移

可以被轉移的意思是，假設今天你經營一家 S 品牌的咖啡廳，結果有一天你突然不想經營了，你將這個 S 品牌的咖啡廳賣給別人，變成由別人來經營，然後你去做別的事，因為你已經將這個品牌賣掉了，所以在法律上這個 S 品牌的咖啡廳的經營權已經轉移給別人，不屬於你了。

而個人品牌就是你自己本身，你不可能把自己賣給別人，所以是沒辦法轉移的。

我想起以前有一個藝人的名字叫做「蝴蝶姊姊」，當時很

受許多小朋友歡迎，因為在某知名電視節目擔任主持人，也累積了不少粉絲。但是後來因為某些原因，她不能再使用蝴蝶姊姊這個名字了，因此那位藝人後來就改了新的名字，但是這對她的粉絲們來說其實沒有什麼差別，因為粉絲們追隨的是她這個人，而不是蝴蝶姊姊這個名字，所以不管她換了什麼名字，或是換了公司都不會有太大的影響，這就是她個人的影響力，所以個人品牌無法被轉移。

## 2 商業品牌形象難轉換，個人品牌形象容易轉換

品牌形象就是客戶對你直接的認知和想法，也是根深蒂固的印象，例如賓士和 BMW 同樣是高級車市場，但因為各自的品牌定位不同而吸引到不同的族群購買，賓士給人的形象是尊貴、豪華、傳統富裕階級，而 BMW 則是尊貴、年輕、活力，兩個品牌都有各自的擁護者。

但如果今天賓士和 BMW 這兩個品牌都不做車子了，改賣和原本領域完全不相關的咖啡豆，是不是突然就變得很奇怪呢？

雖然也不是不行，但一直以來人們對賓士和 BMW 的印象就是車子，並且商業品牌的創立通常有著背後的歷史故事和理念，一旦轉換形象、改變市場，就會失去原本長久累積下來的客戶，而且還要在新的領域重新開始，因此與其轉變形象，

147

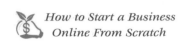

不如直接創立新的品牌相對容易。

但個人品牌卻不會受到限制，因為個人品牌著重的是個人的能力、經歷和成就，還有最重要的人和人的情感連結等等，並不會因為換了工作或換了職業就有所改變，對人們來說轉換跑道，變換職業或兼差打工都是很稀鬆平常的事，反而可能會因為過往的經歷而造就更大的加分，因為人們關注的是你這個人，這也是為什麼人們比較習慣跟認識的人做生意，因為產品是其次，重點是他認識那個人。

### 3 商業品牌無法有多重身份，個人品牌可以有多重身份

每一個人可以同時有多重身份和扮演不同角色，例如一個公司的執行長同時也是一位好爸爸、一位學生、慈善家、發明家、Youtuber 等等，可以同時有很多不同的身份，每一種身份都會給人不同的印象和感受，讓人們更認識你、更喜歡你。

因此你的個人品牌建議要越立體越好，有不同的面向呈現在大眾面前，這樣除了有助於提昇人們對你的熟悉度，每種面向也能引發不同族群的興趣。

### 4 商業品牌從大眾出發，個人品牌從自己出發

為了要將獲利最大化，我們都希望可以佔據最大的市場，因此商業品牌需要隨時觀察市場上的變化，消費者的需求是什

麼，關注的是什麼，並且依據市場變化推出各式不同的產品和服務藉以獲利，達到利益最大化的目的。

個人品牌則剛好相反，人們之所以關注你是因為你達成了某一個結果，而這個結果是人們想要的，例如人們想和你一樣可以做出美味的巧克力蛋糕，或是彈出一曲震撼人心的歌曲，或者你是一名月入百萬的富翁、曾獲得全國冠軍的運動選手、或是人們想和你一樣過著自由自在、財務自由的夢想生活。

簡單來說，因為人們想和你一樣所以會關注你，成為你的粉絲，想要模仿你、買你用過的東西、和你做一樣的事、想知道你的一切，但你不需要因為市場如何變化而改變自己的行為，你只要真實地做自己就好，專注在自己想做的事、說自己想說的話、過自己想過的生活，只要這樣做就會吸引到一群與你志同道合、有相同想法和理念的人，因為他們想要達到和你一樣的結果，所以你產生了個人品牌的影響力。

對於商業品牌，人們關注的點是這個產品和服務是否能讓他獲得想要的結果。

對於個人品牌，人們關注的是要如何才能變成像你一樣。

##  最簡單有效創建個人品牌的方法

許多人在開始自己的網路事業時，最初經常遇到一個問題，就是如何創建可以吸引人關注和興趣的內容呢？

這確實是很多人剛開始時會遇到的挑戰，因為一開始沒有成績、沒有資源，也許自己的文筆也不太好，沒辦法像許多厲害的小編一樣每天產出有趣的貼文，但是這個問題非常好解決，因為你自己其實就是最好的內容，怎麼說呢？請繼續往下看！

你有沒有發現一件事，大多數的人在銷售的時候，通常都是直接把最終的結果讓你看到。

這種方式沒有不好，但如果你是在還沒建立起影響力的情況下，就算產品再棒，通常也很難讓人信服吧？因為人們不認識你也不信任你。

因此比較好的做法是用紀錄代替創造，將你使用產品的情況讓人們看到，讓人們看到你的改變，對你越來越熟悉並逐漸累積信任感，而且這些過程的點點滴滴就是你最棒的內容了！

當你這樣做之後，通常也會累積一群關注你的粉絲，最後你獲得成果，做出成績，因為這些粉絲是一路看著你越變越好的，所以一定也是對產品的效果深信不疑，可能你還沒有開口

就有人想跟你買了。

所以用紀錄代替創造就是創建內容最簡單有效的方式，那如果要用紀錄代替創造創建內容有沒有具體一點的做法呢？

有的，這個方法就是「學」、「做」、「教」。

「學」：學習新的能力和知識、研究新的產品、體驗新的服務、接觸新的事物等等。

「做」：把學習到的知識運用出來，開始使用產品和服務。

「教」：把學會的知識和能力教給別人，教人們如何使用產品，分享產品特色，分享心得等等。

透過紀錄「學、做、教」的這三個步驟，並且持續讓人們看到過程，當你真的做出結果和成績時，人們親眼見證你的方法是有效的，就可以增加人們對你的信任度，同時也會提升你專家的形象。

萬一沒有做出成績也不用擔心，因為你就能讓人們看到是什麼原因或發生什麼事而沒有達成想要的結果，你已經親自幫他們試驗過了，幫助人們不用花時間在沒效的事情上，甚至你也可以把失敗的過程和原因變成產品販售，讓人們不會重蹈你的覆轍，接著你只要繼續堅持下去，有一天當你成功有成果的時候，過去的失敗都會是你的故事。

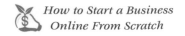

 ## 盡可能出現在每個地方

現在是社群媒體的時代，同時也是個人品牌崛起的時代，為了要最大化地曝光自己讓更多人看見，再加上每一種社交媒體平台都有各自的特色和功能，所以你必須盡可能地出現在各個平台上，才能最大化地接觸到最多的人群，以你自己為核心將觸角延伸到網路上的每一個角落。

你可以開設自己的 Youtube 頻道，讓人們可以觀看你錄製的教學影片，建立自己的粉絲專頁和粉絲互動，發布最新活動資訊讓粉絲一起參與，在 Instagram 分享自己的照片和趣事，即時參與你的生活等等，當你這樣做除了有機會讓更多人認識你，並且透過用「學做教」和「紀錄」的方式呈現，你在網路上的個人品牌形象就會變得越來越立體和有價值，也在過程當中逐漸累積一群粉絲和追隨者，因為你會讓人感覺到你是真實存在而提升信任感。

所以如果你還沒有開始在網路上經營自己的個人品牌，那現在就開始吧！一開始雖然會覺得很不習慣，甚至會覺得放不開和尷尬，不用擔心那都是正常的，這代表你正在成長進步，因為你在做你過去從來沒做過的事，但是你會越來越好。

我記得我錄製自己的第一部影片，那是一個大約 3 分鐘的短視頻，但是我整整錄了 6 小時才完成！對比現在直接拿起

手機就可以錄影，馬上可以完成並且上傳到網路，現在回想起來當時真是瘋了，不過正因為我踏出了第一步，我才能一路成長而變得越來越好，所以你一定也可以。

 創建內容的六大關鍵

在前面有說最簡單有效創建內容的方法就是學做教，透過這三個步驟你可以讓人們看到你是如何從零開始，一步一步學習、在實做當中遇到什麼挫折和挑戰，最後獲得成果的過程，如果你可以持續做到這三個步驟並且讓人們看到，相信經過一段時間就能累積一群志同道合，和你有一樣目標的粉絲。

除了用紀錄代替創造的方式來運用學做教的技巧，如果你想要更進一步地豐富你的內容來吸引更多人成為你的粉絲，你可以在自己產出的內容當中掌握六個關鍵。

### 1 娛樂性

人類是唯一會感覺到無聊，而且害怕無聊的生物，而且在資訊快速、人們普遍沒有什麼耐心的時代，想要吸引到更多人的目光、讓更多人對你產生興趣進而關注你，在你的產出的內容中含有娛樂的元素是很棒的方式。

例如你可以把自己的影片製作成像綜藝節目一樣，讓人

們觀看的同時除了更認識你和成長，也能在哈哈大笑中得到放鬆，無形當中觀眾會將快樂和你產生連結而更喜歡你。

## 2 教育性

你創建的內容必須可以讓人們學到東西，讓人們因為你而有所成長、變得更好，這就是在給予價值，如果你可以做到這一點，人們就會把你視為一個專家，你在他們的心目中就擁有一個地位。

例如你是一位廚師，你每天都在社群平台上分享如何做出一道美味的菜餚，這對許多家庭主婦來說是很棒的內容，所以你在這些家庭主婦的心目中就變成了一位專家，而且她們都對你非常信任，如果你剛好又很幽默應該就會變成師奶殺手吧。

所以如果你同時具備娛樂性和教育性這兩個元素，那就是非常厲害的內容了。

## 3 真實性

真實性就是真誠、不欺瞞，真實地展露自己，不要為了達成特定目的而造假，一旦人們發現你的所作所為都是假的，你的事業將在一夕之間崩解。

比起欺瞞不實，用真誠的心，把真實的情況展現在人們面前反而效果更好，例如現在許多電影明星都會在社群媒體上放

上自己的生活照片，讓粉絲們看到他們現實生活的模樣，或是分享工作的情況讓粉絲一探究竟，這樣反而能讓粉絲們更加關注和帶動話題，引發更大的宣傳效果。

## 4 即時性

比起已經錄製好的影視內容，人們對當下發生的事情更有興趣，例如你在教人運動的時候同時直播，讓人們可以看到你真實教課的樣子，過程中你也可以和粉絲互動，並同時教粉絲們運動時要注意什麼，這樣就是一個非常棒的內容！同時達到娛樂性、教育性、真實性，以及和粉絲互動交流。

## 5 主題性

當在「學、做、教」的過程中一定會遇到各種不同的挑戰和問題，所以你可以把這些遇到的問題分類成不同的主題，針對各個主題去做更深入的探討和分享。

因為在關注你的人當中，每個人的程度都一定是不同的，有些人可能是新手，有些人是有基礎的老手，針對不同程度的人可以設計不同的主題來吸引這些人關注你。

也可以針對某個特定問題分享有主題性的教學，例如許多人在創業的過程中常遇到的問題是不知道如何開發客戶，你就可以針對這個主題，分享自己過去所學到的知識和技巧。

也可以在你的社群中開設一個專門在探討這個主題的固定時段，藉此累積一群固定觀看的粉絲，擴張你的事業規模。

## 6 延伸性

延伸性是從某一個事物為中心，向外延續、擴張。

例如你的內容主題分享的是「如何挑選一支好的手錶」，那接下來可以延伸的主題可能是「如何保養手錶」、「手錶如何與服裝搭配」等等以手錶為核心的不同主題。

另一種方式是跨領域的延伸，例如「成功的創業家都戴什麼錶」、「時尚與腕錶的結合」、「智能便利的 AI 智慧錶」、「健康照護的銀髮族手錶」等等，同樣是以手錶為核心與不同領域做結合和延伸而產生關聯，就能觸及到除了原本對手錶有興趣以外的不同族群，並且運用這種技巧，也能讓你的內容更豐富有趣。

以上和你分享了經營品牌如何創建內容的技巧，以及讓內容更多元豐富的六個關鍵，你可以運用不同的形式將內容傳遞出去讓人們看見，例如影片、直播、圖文或廣播等等，每一種形式都各有不同的特色和優點，如果運用得當就能接觸到不同習慣的族群，大大提升品牌影響力。

擁有影響力，你的事業才能無往不利！

但是別忘了，我們的最終目標是打造自動化網路印鈔機，在網路賺錢，為了把影響力發揮到淋漓盡致，讓客戶願意在網路上和我們做生意，你一定要學會如何寫文案！

## 什麼是文案？

文案是網路最強大的銷售利器，如果你想在網路上賺錢，就一定要學會如何寫文案，文案就像是你在網路上的銷售員，只不過差別在於這個銷售員不用吃飯睡覺，可以 24 小時不休息地幫你工作，文案也是一種你在網路上與客戶溝通的方式，有句話說：「如果你可以把觀念放進客戶腦袋，客戶就願意把錢放進你的口袋。」金錢就是價值的交換，而傳遞價值需要溝通，文案就是一種非常強大的溝通方式！

順帶一提的是，只要是用於宣傳產品、傳遞訊息或理念、影響人們做出行為的內容就可以叫做文案，根據情境不同也會有許多不同的名稱，例如廣告文案、銷售文案、活動文案等等。

依照行銷活動的規劃，文案也會結合不同的要素，例如銷售頁中除了文案也會有影片或圖片來幫助客戶更認識產品，進而提高客戶買單成交的機率。

以下列出文案的五個好處，如果運用得當，文案的威力將

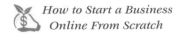

超乎你想像！

### 1 讓客戶拜託你把產品賣他

在網路上，其實客戶買的不是產品，客戶真正買的其實是你的文案，因為客戶必須透過文案才能瞭解產品的價值，才能讓他知道你可以快速有效地解決問題，如果你可以用文案充分引發客戶的興趣和渴望，瞭解這個提案物超所值而且風險很小，就能讓客戶只想跟你買，甚至求你把產品賣給他。

相反地，如果你的文案沒辦法讓客戶掏出信用卡，那最後客戶就會跑去跟別人買，而不是跟你買了。

### 2 招募優秀人才加入你的團隊

如果你想要擴大你的事業，賺更多的錢，那一定要招募到可以幫你提升業績的人才，但是俗話說的好：「千軍易得，良將難求」，好人才也是會自己選擇公司的。所以如果你的招募文案寫得好，讓這些人才看到你公司的價值，或你團隊的強大，自然就會有許多人才搶著加入你的團隊。

### 3 吸引人們搶著參加你的活動

不管你舉辦什麼活動，例如講座、課程、聯誼聚會，最怕的除了沒人知道，還有海報或宣傳文案不夠吸引人，結果沒人想參加你的活動。一個好的宣傳文案可以充分展現活動的內容

價值，進而吸引人們參加你的活動。

## 4 打造強大的個人品牌形象

常常我們可以透過一個人的談吐，去瞭解這個人的背景、學識和內涵，在網路上也是一樣的道理，有許多人經營部落格、個人網站，不斷地去分享資訊，可能是自己的想法、經驗、專業知識，都可以透過文案去建立自己的形象和品牌。

## 5 寫一次獲益無窮

一篇好文案可以幫你賺錢，更棒的是只需要寫一次就可以一直使用，因為有效的事要重複做，所以如果這篇文案的效果很好，客戶看了之後會想要買或想要報名，這意味著只要讓更多人看到就會產生更大的效益，相同一篇文案可以用在不同的平台上，例如 Email、社群平台、部落格、廣告等等，透過自動化的流程不斷曝光在客戶面前，這會幫助你的事業和收入不斷地成長和擴張。

## 文案的目的

文案做為在網路上與客戶溝通的一種方式，依照使用情境有不同的功能，但基本上使用文案會想要達成以下四種目的。

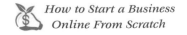
## 1 銷售成交

文案最重要的目的就是要賺錢，這是最終目標，就和本書一開始有說過的，銷售等於收入，沒有銷售就沒有收入，沒有收入就沒辦法改變生活，所以成交客戶是文案的第一目標。

## 2 塑造價值

無論你是想要建立自己企業或個人品牌的形象，都可以運用文案來塑造更高的價值，例如你是專業技術者或教練、專家，你可以設立自己的網站，撰寫高價值的文章來建立自己的權威形象，幫助更多人看到你的內容後有所成長而變得更好，這樣你的正面評價也會上升，人們對你的信任感就會提升，影響力也會越來越大。

塑造價值也是在銷售當中很重要的一個步驟，因為事物的好壞取決於客戶的認知，客戶覺得好就是好，覺得不好就是不好，就算你的產品再好、再厲害，如果沒有讓客戶感受到你產品的價值，客戶也不會想要買單，因此文案不只是可以運用在提高自己企業或個人品牌的價值，也可以提升產品的價值，讓客戶不只是成為你的粉絲或購買產品，而是對你有很高的信任感和忠誠度，甚至變成願意主動幫你宣傳的鐵粉。

### 3 建立品牌

除了用文案塑造品牌價值，文案也可以幫助你建立品牌，也就是用一句話做為你企業品牌的「核心價值」，並且這句話也代表你企業品牌的精神象徵、品牌文化和承諾。例如 NIKE 的品牌精神標語「Just do it 」，代表不要拘泥世俗眼光，跨出舒適圈，做就對了！一句標語讓客戶感受到品牌想要表達的精神和個性，進一步影響到全世界。

又或是知名的物流公司聯邦快遞，在廣告中令人印象深刻的廣告詞「使命必達」，簡單又深植人心，瞬間就讓人感受到聯邦快遞為了客戶使命必達的決心。

往往一句深植人心的標語，就可以直接區隔你在市場中的位置，拉大你和競爭對手的距離，提升在客戶心目中的地位，所以一句可以代表企業核心價值的標語非常重要！

### 4 篩選潛在客戶

篩選潛在客戶也是文案很重要的功用之一，因為在網路上有非常多不同的族群，我們的目標就是要在茫茫網海當中找到對我們產品有興趣，並且有可能會購買的潛在客戶，所以要透過用文案的方式來篩選，例如你是經營一家健身房的老闆，你想要在網路上找到更多人成為你的會員，所以你的廣告文案就必須是和健身相關的內容，這樣對健身有興趣的人才會因為你

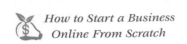

的廣告而被吸引過來,相反的對健身沒興趣的人就不會點擊你的廣告。

但是在這裡有一個重要的觀念,就是對你廣告沒興趣的人不一定就對健身沒興趣,只是切入的角度的問題,因為有些人可能對健身不感興趣,卻很在意自己的健康,所以你的廣告文案如果用健康的角度切入,再帶到健身可以增進身體健康,那這群人一旦建立起這個觀念後同時認知到健身對健康的好處,就有可能會成為你的潛在客戶了。

當你成功吸引到人們的注意,找出哪些人是你的潛在客戶後,下一個階段同樣是透過文案來塑造價值,給予這些潛在客戶更多資訊,進一步從中篩選出會購買產品的買家。

用這樣的方式,不斷地給予價值和資訊,一層一層篩選出最後的買家,逐漸擴張你的事業規模。

## 文案的三大重點

文案的類型、寫法和內容是千變萬化的,再加上客戶也是千奇百種,只能說沒有最好的文案,只有最適合的文案,因為我們很難去揣測客戶心裡到底在想什麼,所以必須不斷測試才能找出最適合你產業的文案內容。

雖然文案有非常多不同的寫法，但基本上不管什麼文案都包含了以下三個重點，只要掌握這三個重點，就算是新手也能寫出不失水準的文案。

## 1 吸引注意

吸引注意是所有商業的第一步，如果你沒有吸引到客戶的注意，那你就沒辦法賺錢了，因為客戶是不會和他不知道、不了解的人做生意，而且這個資訊快速的時代，可以吸引客戶目光的事物太多了，光是在網路上就不知道有多少與你類似的企業和產品，如果你無法吸引到客戶目光並從中脫穎而出的話，那你的事業發展將面臨艱困的挑戰，所以你在撰寫文案的時候，務必把吸引注意做為第一優先的重點。

## 2 給予價值

如同前文在「文案的目的」中的提過的塑造價值，你必須先知道客戶現在正面臨什麼問題，遇到什麼挑戰和痛苦，然後讓客戶知道你到底可以幫助他什麼，接著再分享對客戶有用的資訊，讓客戶瞭解為什麼他會遇到這個問題，要如何解決這個問題，你可以如何幫助客戶解決這個問題，要做哪些事情，最後會得到什麼結果等等，無形當中客戶就會對你產生信任感，因為你讓他學到東西，給予了價值。

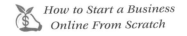

### 3 呼籲行動

第三個重點是要告訴客戶他的下一步要做什麼？

因為客戶通常是被動的，也許他對你的產品和服務感興趣，但客戶可能不會當下購買，或是他根本不知道接下來要做什麼？所以當我們在給予價值之後，客戶也瞭解了他問題發生的原因和該怎麼解決問題，接著我們推出了可以幫助他的產品服務，最後就是要客戶現在立刻下決定購買，以免客戶猶豫老半天之後離開，我們就沒辦法幫助客戶更好，而且也賺不到錢，更糟的是客戶的問題永遠無法解決。

以上就是撰寫文案的三個重點，接下來我們將這三個重點轉換成文案的基本架構，讓你能更有系統和邏輯地寫出具備一定水準以上的文案。

## 文案的基本架構

據我個人的觀察與經驗，大多數人想要在網路上賺錢，除了技術層面的操作外，最大的難題就是不知道要怎麼寫文案。

甚至有些人連寫自我介紹都要花上數週的時間，更何況寫用來賣東西的文案，這實在是一個大工程，我想這應該也是你目前的煩惱，好消息是我現在要分享的文案基本架構，是無論

你從事什麼行業，只要掌握這套文案基本架構的邏輯就可以寫出不錯的文案，可以讓客戶知道你的產品或是你到底想要表達什麼，到底你可以提供客戶什麼東西。

文案的基本架構分成三個部分，分別是「標題」、「內文」、「結尾」。接下來，我將針對每一個部分做說明。

## 1 標題

標題是整篇文案能否成功的關鍵，因為標題其中一個最大的功用就是吸引注意，這一點我們已經討論過很多次了，如果沒有吸引到客戶注意，就不會發生接下來的所有事情，所以要如何寫出吸引客戶注意的標題呢？

其實也不會很困難，只要寫出客戶在意的關鍵字就可以了。

舉例，客戶現在遇到的問題是想要買房子，但是不知道該如何挑選房子，也不知道行情，因為客戶最擔心的是害怕被騙，那你的標題就應該針對客戶的問題做設計，例如「買房子要注意的 10 個陷阱！」，如果客戶擔心買到海砂屋，你就可以寫「這樣選房子，不怕海砂屋」，如果客戶買房子是想要用來投資或省錢，就可以寫「買到賺到！三招買到低於行情的房子」，這樣就能直接吸引到客戶的注意，並且因為這三個標題都是用不同的角度切入，所以能篩選出不同的潛在客戶。

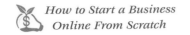

再來因為標題很直接地告訴客戶這篇文案的內容是在說什麼，就能讓客戶想繼續往下讀，並且引導客戶前往另一個頁面，進入下一個階段進行銷售或其他目的。

## 2 內文

標題的訴求是要吸引客戶的注意，讓客戶知道這篇文案的內容是和他有關係的，當客戶繼續往下讀或是點擊標題進入頁面的時候，就會進入到內文的部分。

內文就是標題的延伸，繼標題之後進一步讓客戶知道更多內容，例如標題是「減脂瘦身的五個錯誤觀念」，那內文就是延續標題，告訴客戶更多有關減脂瘦身的五個錯誤觀念的資訊，分享更多對客戶有幫助的內容。

在內文中我們要和客戶討論問題，因為客戶之所以會觀看這篇文案，是因為客戶現在有一個還沒有被解決的問題，而且我們要告訴客戶這個問題的嚴重性，這樣客戶才會意識到不解決這個問題是不行的。

當客戶意識到問題之後，我們再接著給客戶有關這個問題的正確觀念和步驟，告訴他可以如何解決這個問題，這樣客戶就會覺得他有在你這裡學到東西，並且認知到你是真的可以幫助到他。

最後一個步驟就是要提案，推出一個解決客戶問題的方案，如果客戶想要解決這個問題，想要獲得他想要的結果，那他就可以購買這個方案。

舉例，一位客戶想要減肥瘦身，但是用了很多方法之後成果都不如預期，接著他在網路上看到標題「減脂瘦身的五個錯誤觀念」，這剛好切中他現在正面臨到的問題，所以就點擊標題進入網頁開始觀看內文，在內文中他瞭解了原來他因為不知道減脂瘦身的五個錯誤觀念，所以才一直瘦不下來，因為都做錯了！接著內容中還有提到減脂瘦身正確的方法，讓他學到了不少，更瞭解該怎麼樣才能成功瘦身。

但是如果他想要運用內文中所教的方法去做的話有一定的難度，因為他不知道具體的步驟，不知道該用什麼設備，而且可能有受傷的風險，但是不瘦下來的話又可能有健康上的問題，到底該怎麼辦呢？

所以這時候就推出了一套能幫助他在 90 天內瘦身成功的方案，在這個方案中清楚說明是用什麼方式、有哪些步驟、需要做什麼事、需要多少時間、誰來教、多少錢等等，讓客戶可以清楚瞭解這個方案的內容，並且另外提供可以解除客戶疑慮的證明，這又回到了一開始說的「信任感」。

為了要提升客戶的信任感，在內文中我們提高了產品的價

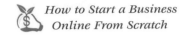

值，並且用證明來降低客戶的風險和疑慮，這些證明可以是自己或其他客戶的見證、方案內容的相關數據、證書、證照、具高度公信力的第三方背書等等，把這些加入提案之中，就可以降低客戶對風險的疑慮，幫助客戶推進。

## 3 結尾

最後結尾的部分，就是要求客戶現在就馬上行動、馬上下決定，並且要提出客戶為什麼要現在做決定的理由。

基本上有三種常見的方式，分別是「限時」、「限量」、「限人數」。

因為特殊節日的關係，所以這個方案是限時優惠價，一旦時間過了就會恢復原價，請立刻購買吧！

為了要確保產品的品質，所以這個產品只生產 200 個，賣完之後就沒有了，未來也可能不會再製造，所以先搶先拿！

為了維護活動的順利進行，讓每位參加者可以享受高品質的活動品質，所以這場活動只開放 50 人參加，額滿之後就不再開放報名。

運用以上的方式，讓客戶現在就下購買決定。

◉ 用品牌思維創建內容。

◉ 創建品牌和內容最簡單的方法：學、做、教。

◉ 創建內容的基本原則是提供價值。

◉ 文案是網路上 24 小時幫你賺錢的銷售員。

◉ 文案三大重點：吸引注意、提供價值、呼籲行動。

◉ 文案三大基本架構：標題、內文、結尾。

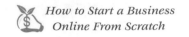

# 4　第4步：建立系統

系統就是成交的流程，是客戶從不知道你是誰開始，認識你、喜歡你、信任你，最後成交的過程，因為客戶有需求，剛好你又有可以滿足他需求的東西，又對你有信任度，所以客戶就有很高的機率會購買你的產品，你就能賺到錢。

讓我們回到事業結構的五個步驟，「接觸客戶」、「建立名單」、「初次成交」、「追售」、「轉介紹」，這五個步驟就是成交的流程，而且這個流程一直在我們的現實生活中發生。

舉個例子，相信你一定也有過在路上被搭訕寫問卷的經驗吧？首先對方會先引起你的注意，然後自我介紹後表明目的，這是在「接觸客戶」的步驟。

接著對方會請你協助填寫問卷，有些為了要讓人有填寫的意願，會額外贈送小禮物，這是在「建立名單」的步驟。

當你填寫了問卷後，開始就會陸續接到電話或是 DM，想邀請你進一步瞭解相關的產品或是銷售等等，在當下你可能剛

好有需求所以就購買了，這就是「初次成交」。

隨後對方告訴你現在正在做活動，如果加購的話會有優惠，這是在「追售」。

最後對方又告訴你如果把這個好康資訊分享給朋友，一起買更優惠，還有贈送好禮，所以你打給親朋好友問要不要揪團一起買，這就是「轉介紹」。

現在回想起來，以上的情景是不是很熟悉呢？

如果想要在網路上賺錢，其實也是一模一樣的流程，只不過差別在於不需要東奔西跑地開發客戶，口沫橫飛地和客戶介紹，只要一台電腦將流程設定完成之後就搞定，因為我們做好的網頁和寫好的文案會 24 小時不間斷地在網路上曝光，自動幫我們銷售，這就是網路行銷最迷人的地方之一！

接下來我會向你介紹建立系統所需要的工具和步驟，每一個工具就像機器的零件一樣，需要有順序地拼組安裝才能發揮功能，經過這一步你就會更瞭解如何打造自動化的網路印鈔機了！

打造自動化網路行銷系統的工具和教學，你可以進入這個網址 ==> weilyyeh101.com/books，或是掃描 QR Code 之後開始觀看課程。

## 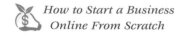 名單蒐集頁

讓我們再複習一次，網路事業最重要的資產就是名單，名單也是你獲利的最大來源，是企業的命脈。

為了要「建立名單」，所以我們需要一個可以搜集客戶名單的網頁，這個網頁就叫做「名單蒐集頁」。

如圖片所示，這是一個減脂主題的名單蒐集頁，如果是想要減脂、想要瘦身的人進入到這個網頁，相信會引起他們的興趣。

還記得要用免費贈品來交換客戶的資料嗎？在這個網頁裡我給的免費贈品是「最常見的五個減脂錯誤觀念課程影片」，進入這個網頁的訪客如果有遇到減脂方面的困難和問題，很有

可能就會想要知道這個課程影片中的資訊。

如果網頁的訪客想要免費領取課程影片而按下「Yes！我要免費領取課程影片」的按鈕時，就會跳出下面這個框框。

當網頁的訪客在框框中填入他的 Email 之後，再次按下「Yes！我要免費領取課程影片」的按鈕，我就會獲得對方的 Email，而對方就會收到我寄給他的免費贈品「最常見的五個減脂錯誤觀念課程影片」，這就是建立名單的過程。

我也運用這個方法，在不同的產業領域蒐集客戶名單，以下的圖片就是我其中一個蒐集到的客戶資料清單。

蒐集到名單之後，就是進一步去成交客戶，最終我在 2020/7/17 ～ 2020/8/18，一個月的時間賺到了 172280 元，而且這些客戶分布在台灣各個縣市，所以我們都沒有見過面，一直到現在仍然會持續向我購買產品。

7/17~8/18 一個月
172280元

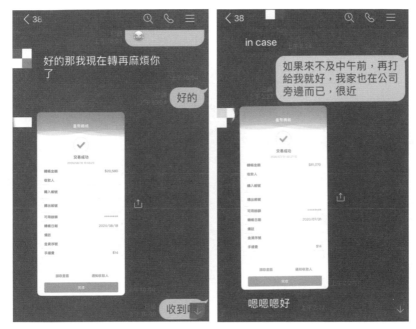

▲其中兩筆交易截圖

　　運用這種方式就可以在網路上開發陌生客戶，而且這些陌
生客戶都是對我的產品有興趣的人，所以成交率也會比較高，
更重要的是沒有當下成交客戶也沒關係，因為我拿到了客戶的
Email，可以持續地跟進客戶直到成交為止，而且這一切都是
自動化的！

　　如果你是從事業務性質的工作，需要不斷開發新客戶，那
你應該會感到非常興奮才對，因為如果你運用這個方法就不需
要在馬路上請路人填問卷、發 DM 了，也不需要一直打電話

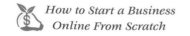

邀約，因為客戶會自己主動來找你，根本就不需要擔心沒業績的問題！如果你是領固定薪資的上班族，就算你在上班，也可以持續創造額外收入幫自己加薪！

以上就是用名單蒐集頁建立客戶名單的過程，接下來我們要進入到下一個階段「初次成交」。

## 銷售頁

之前我們已經討論過非常多關於初次成交的內容了，例如為什麼要盡快成交客戶，什麼是初次成交最好的產品，以及客戶為什麼不購買的原因，如果你想複習可以翻回前文再學習一次。

為了要成交客戶，需要一個可以展示產品並讓客戶可以購買的網頁，這個用於銷售的網頁就叫做銷售頁，而銷售頁只有一個目的，就是成交。

銷售客戶最好的時機就是在客戶被成交的當下，這也是為什麼許多店家會在你結帳的時候問你要不要加購商品，或是推薦更多商品給你的原因，因為你當下的心理狀態是最容易接受銷售的，因此我們在設計網路的成交流程時也是一樣的邏輯，當客戶在名單蒐集頁填寫好資料並按下按鈕提交時，在心理上

就等同於被成交一樣，所以我們要立刻將客戶帶到銷售頁進行銷售。

下面是網頁下半部購買按鈕的部分

如圖片中的網頁內容所示，這是一個關於減脂瘦身的線上

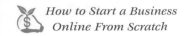
課程，當客戶提交資料之後就會被帶到這裡，如果這個銷售頁的內容是客戶有興趣的，客戶就會繼續往下看，接著如果這個銷售頁把產品介紹的很棒，文案內容也都有直擊客戶內心，讓客戶覺得很想買，那就有可能會成交。

所以當客戶進入銷售頁之後可能會發生兩種情況，第一種情況是客戶按下購買按鈕之後，就會被引導到付款的頁面，接著拿出信用卡付款，第二種情況是客戶關閉網頁離開。

如果客戶購買了當然很棒，但如果客戶沒有買的話也不用太氣餒，因為就像之前提過的，客戶沒有立刻購買的可能原因非常多，所以就算沒有成交也沒關係，因為現在沒有買並不代表未來不會買，重點是我們已經有客戶的聯絡方式（Email），所以可以持續跟進客戶，直到成交為止。

那現在問題來了，如果客戶沒有買，要如何跟進客戶呢？

接下來我要教你如何用 Email 跟進客戶的方法。

 ## Email 跟進信

大部分的客戶不會當下就購買，通常都會在第二次、第三次甚至更多次的接觸之後才會購買，因為客戶可能對你的信任度還不夠，或是還沒有意識到問題的緊急性，或是想要多比較

類似的其他產品等等,所以我們必須要跟進,不然客戶很可能就會跑去跟別人買了。

還記得 Email 的威力嗎?就算現在有非常多不同的平台,但 Email 依然是跟進客戶最好的方式之一,而且 Email 的用途很多,除了寄信跟進客戶,和客戶維繫關係,也可以用客戶的 Email 去做數據的交叉比對,生成出更多和這些精準客戶相似的人,進一步去接觸他們、成交他們。

總之,只要擁有 Email 就可以有許多方式去擴張你的事業,但這裡還是先介紹一下如何用 Email 跟進的方法吧。

為了要跟進客戶,我們可以運用一些市面上常見的自動化平台,達成自動化跟進的目的。

如下圖所示,我拿到了客戶的 Email 之後,設計了一個為期五天的自動跟進流程,每天都會自動寄出一封已經事先寫好的信件給客戶,以達到跟進客戶的目的。

以下是我的第一封信的內容。

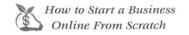

---

**主題： 這是你的"五個最常見減脂錯誤觀念課程影片"**

Hello，我是威利教練

感謝你領取**"最常見的五個減脂錯誤觀念課程影片"**

請點擊下面連結觀看課程影片

**點擊這裡**

如果你想知道更有效、有系統的減肥瘦身方法，千萬不能錯過**"系統化減肥攻略"**

我自己透過這個方法，在第一個星期就減少了約2公斤，體脂肪減少1.8%，內臟脂肪減少1.5%

一個月減少約4公斤體重，3.7%體脂肪，3%內臟脂肪，還有更驚人的成果！

如果你想知道我是如何辦到的，立刻點擊下面藍色按鈕！

> 我想瞭解"系統化減肥攻略"

---

第一封信其實就是客戶提交資料送出時，我答應給客戶的免費贈品，你可以在信中看到有一個「點擊這裡」的連結，只要客戶點擊之後就會獲得我事先準備好的免費贈品，接著在信件下面有另外一個按鈕，如果客戶點擊按鈕就會被重新帶回銷售頁，再一次進行銷售。

客戶點擊連結後進入課程影片的網頁，網頁下面設置前往
銷售頁的按鈕

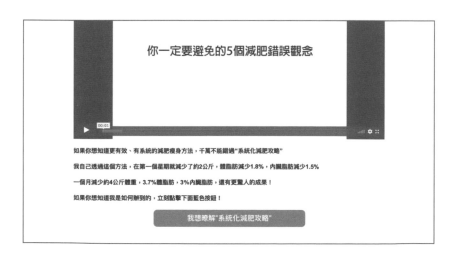

在為期五天的跟進當中，每封信的內容都會不一樣，有些

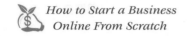
內容是單純提供價值，分享有用的資訊給客戶，有些信件內容是介紹產品的相關資訊，告訴客戶可以解決他什麼問題，如何幫助他更好等等，在第五天的最後一封信會提醒客戶產品的優惠價格即將結束，如果他真的想要解決問題，想要變得更好，那就要立刻購買。

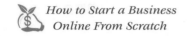

經過這樣的流程，可能就會有一定比例的客戶成交。

以下的圖片是第一封信件的數據，發出 29 封信，有 19 個人開啟，6 個人點擊信件中的連結，非常清楚。

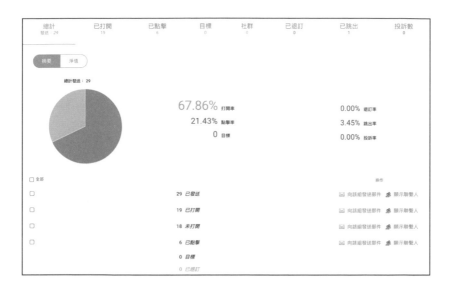

到了這裡，你應該已經大致上瞭解整個系統的流程與架構，從客戶進入「名單蒐集頁」，填寫資料提交送出後被帶進「銷售頁」，點擊購買連結開始付款或是離開，接著「Email自動跟進信」會寄送到客戶的信箱，展開一連串的跟進流程，如果客戶點擊信件裡的連結，又會重新回到銷售頁。

運用這一套成交流程，就能將一定比例的潛在客戶變成買家，假設你的產品售價是 1000 元，成交率為 1％，那你只需要將 1000 人帶進這個流程，最終會成交 10 人，營收是一萬元，如果想要把成果變成十倍，把一萬變成十萬該怎麼做？那就讓 10000 人進入這個流程，一樣 1％的成交率，就能把營收從一萬變成十萬了！

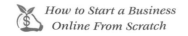
現在你應該像我當初知道這件事一樣興奮吧,只要把整個流程建構完成,就可以開始在網路上賺錢,而且如果你也像我一樣是個不喜歡重複做相同的事的人,那你應該會更開心,因為這個流程基本上只要做一次就好,只要設定一次就可以自動化運作。

現在我們已經完成了「建立名單」和「初次成交」,而「追售」在之前也提過是銷售給客戶更多產品,基本上是用客戶名單持續跟進就可以辦到,接下來我要帶你進入下一個階段,「接觸客戶」的部分,如何更有效率地找到精準的客戶,以及如何放大客戶的數量,這樣才可以將營收提升,賺到更多的錢。

▶ 如果你想要架構自動化的網路成交系統,最基本會需要使用三種工具,分別是「架站軟體」、「自動回覆信系統」和「金流系統」,以上三種工具我都有免費送你的教學影片,你可以進入這個網址 ==> weilyyeh101.com/books ,或是掃描 QR Code 之後開始觀看課程。

第 5 步：打廣告

如果你的店鋪裝潢得很漂亮，產品多元品質又好，但如果沒有人知道也沒用，所以為什麼就算租金再高，許多老闆拼了命也要搶下黃金地段，因為在黃金地段才有最大量的人潮，才有最高的機率賣出產品把營收衝高。

在網路世界也是一樣的道理，越多人知道你，越有機會賺錢，但差別在於網路沒有地理條件的限制，只要你懂得如何引導流量，把人帶入已經建構好的網路成交系統就有機會創造收入。

所以現在的問題是，要如何引導流量？而且是大量的流量！

引導流量的管道有非常多，例如 Youtube、Facebook、Line、Yahoo 奇摩、Google、痞客邦、Instagram 等等……，只要是有潛在客戶出現的地方就可以是流量的來源。

許多人對網路行銷的概念覺得只要在大平台上面曝光就行了，以為這樣就可以有很多客戶，但實際上這樣只對一半，因為行銷簡單來說就是在對的時機、對的地點把對的訊息讓對的

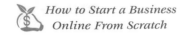

人看到，這樣才能真正找到有興趣有機會成交的客戶，所以我建議你可以先思考一下你想要的客戶是什麼模樣？最常出現在什麼平台？對什麼有興趣？最常看什麼類型的影片？加入哪些社團？最常關注哪位名人？

你越瞭解你的客戶，你就越知道怎麼跟客戶溝通，知道如何幫助他們解決問題，知道怎麼做，客戶最有可能買單。

簡單來說就是把客戶會感興趣的資訊和內容，放在客戶最常出現的地方曝光，例如你想要找的客戶是最近想要買車的人，就可以把購車的相關訊息曝光在汽車論壇。

## 💲 免費曝光和付費廣告

基本上引導流量有免費和付費兩種方式，免費的方式是例如在各大討論版、論壇和社團張貼廣告，經營部落格寫文章，創建粉絲專頁讓粉絲按讚互動，拍影片放上 Youtube 等等，期待著有人看到並分享讓更多人知道。

這對一開始比較沒有資金的人來說是一個方式，如果長期累積內容也有機會成為巨大影響力的網路資產，但缺點是很難在短時間內看到成果，至少也要半年、一年以上，甚至更久才能看到較明顯的成效，而且要非常有毅力，因為必須經常更新

內容，再來就是很難快速放大。

想像一下，如果你做一件事持續了一年都沒有明顯的成果，你會不會覺得心累？

另一種方式是選擇付費廣告，例如 Facebook 廣告或是 Google 關鍵字廣告，運用付費廣告引導流量雖然需要花錢，對一般人來說可能有點挑戰，但付費廣告的好處是可以快速曝光，快速找到精準的潛在客戶，可以快速測試，用 24 ～ 48 小時的時間就可以知道你的行銷流程會不會賺錢，如果會賺錢就保留然後放大，如果發現不賺錢就直接刪除，再換下一個。

你發現了嗎？在整個網路行銷的流程當中，最不需要擔心的就是流量，因為流量只要花錢就有，而且相比免費引導流量的方式，用付費廣告來的流量比較可以掌控，因為你沒辦法去控制人們要不要按讚要不要分享，可能這個月情況好一點，看到的人比較多所以進來的流量多，下個月就不一定了，但付費廣告依照你的廣告費高低至少會確定有多少的曝光量，是比較容易掌控的，這就是免費和付費兩種曝光方式的差別。

至於免費和付費兩種方式哪一種好？要用哪一種呢？我認為答案是兩種都好，兩種都要用。

一方面不斷在網路上創造有價值的內容，可以累積品牌影響力成為網路資產，一方面用付費廣告快速找到精準的客戶，

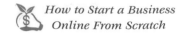

兩者可以相輔相成，加速發展、拓張事業規模，所以兩種方式都是要做的。

但是以事業經營的角度來說，你一定要學會如何操作付費廣告，具備「付費廣告變現的能力」，因為付費廣告是一種放大器，也是加速器，一旦確定你的行銷流程是可以賺錢的，就可以用付費廣告快速放大 2 倍、3 倍甚至更多，這就是付費廣告的威力。

另外很重要的一點是，假如你廣告打下去之後發現，扣除廣告費之後還倒賺，花了 1 塊錢廣告費出去回來 2 塊錢營收，淨賺 1 塊錢，這時候你該怎麼做？

當然是花越多廣告費越好！

所以許多懂得用網路行銷賺錢的高手最大的問題不是能不能賺錢，而是煩惱怎麼把廣告費花光，俗稱高級煩惱。

## 新手打廣告的正確觀念

許多網路行銷的新手會很害怕打廣告，因為大多數人想要透過網路行銷賺錢，所以對還沒賺到錢之前必須先花錢打廣告這件事會感到恐懼。

他們心中會想，萬一廣告費打出去結果都沒賺錢怎麼辦？

這是不是也是你擔心的事情呢？

我能認同這確實是許多人難以跨越的檻，但首先第一件事，網路行銷本來就不是一種可以快速賺錢致富的方法，網路行銷是整體事業經營的策略，透過有系統的規劃，找到潛在客戶並且知道你、喜歡你、信任你，最終成交獲利的過程。

可能你有看過一些人運用網路行銷很快就賺到錢，或是看過有人在很短時間內就用網路行銷賺了幾百萬，那是因為這些人除了用正確的方法外，通常本身就有一定的影響力、資源和粉絲等等，所以通過網路行銷放大之後自然很快就有不錯的結果。

但如果你本身沒有知名度、一開始沒有人認識你，那一定是需要時間醞釀的，所以要透過付費廣告的方式幫助你快速曝光，快速建立知名度，快速累積粉絲進而產生影響力，這樣你才能用最快的速度在網路上賺錢，所以除非你想要慢慢來，花很久的時間才有成果，不然付費廣告絕對是必要的投資。

第二件事是你必須要有經營事業的品牌思維，我想你一定也是想賺錢賺得長長久久對吧？所以用長遠的視野來看，現在投放的廣告費雖然可能暫時沒賺錢，但不代表未來不賺錢，因為任何事情都需要累積，現在你投放廣告找到潛在客戶並吸引

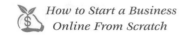
到他的注意，未來他就有可能會購買你的產品，甚至變成你的鐵粉幫你宣傳和介紹客戶，也就是說你在為自己事業的未來打基礎，現在的付出將在未來有更大的收穫。

如果你可以認同以上兩點，接下來你心中所想的應該是要花多少廣告費對吧？

要花多少廣告費就依照自己的能力和策略去規劃，但基本的觀念是像許多企業都會有一筆行銷預算一樣，你也應該每個月撥出一筆錢用於打廣告，這筆錢是固定支出的費用而且是一定要花掉的，就像你每個月都有固定支出的手機話費、水電、瓦斯費、網路費等等，這筆行銷費用也是用一樣的心態，如果你每個月都有做這件事，你就能快速在網路上累積影響力，更容易在網路上賺錢、創造更多收入。

重點複習

▶ 越瞭解你的客戶，越容易成交。

▶ 流量只要花錢就有，重點是能不能成交。

▶ 付費廣告較能夠掌控流量，但自然流量也很重要，應該相輔使用。

▶ 廣告是事業前期的必要投資，應該用長遠的視野來經營事業與品牌。

# 6 第6步：衡量結果

基本上這裡已經算是打造自動化網路印鈔機的最後一個步驟了，我們透過引導流量將潛在客戶帶進網路成交流程當中，首先潛在客戶會先到達「名單蒐集頁」，留下資料並點擊按鈕後會被帶進「銷售頁」，如果客戶購買了產品就會進入「付款頁」，付款完成最後會到達「感謝頁」，以上就是一套在網路上從接觸客戶、建立名單到初次成交客戶的基本流程，至於追售和轉介紹則是透過不斷跟進銷售更多產品。

## 賺錢、放大、優化

當你按照網路成交三大核心架構與事業結構的五個步驟設計好行銷流程之後，你已經打造了一台可以自動化運作的系統，接下來就是要實際的運作，測試看看這個流程是不是可以賺錢，所以這裡就回到了最初所說的，如果沒辦法賺錢，要先分析是行銷流程還是銷售流程出問題，找出原因然後調整、修正。

一旦確定可以有效地讓潛在客戶留下資料並且成交之後，

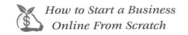

就要把結果放大,也就是要引導更多的流量進來,讓更多人進入這個行銷流程當中,這樣就可以有更高的獲利。

最後,如果整個系統已經可以穩定的運作和獲利,就可以進入優化的階段,例如優化廣告提升點擊率,優化文案內容提升成交率,或是調整流程等等,使整個網路行銷的成交流程效益變得更好。

這裡特別要注意的是先後的順序,如果你發現行銷流程可以賺到錢,你要做的是先放大結果,而不是先優化,這是因為你的目標是用最快的時間可以賺到最多的錢,而優化需要花費大量的時間測試和調整,很可能就錯失賺更多錢的時機了。

相反的,如果你的流量很大,就算成交率只有1%,也能取得有巨大的獲利,就如同在前面假設博客來的例子,發一封信給900萬個會員就可以獲利31500000元,在量大的情況下優化,光是差1%的成交率就可能差了幾百萬的收入,一樣用擁有900萬會員的博客來舉例,如果發一封信出去的成交率變成2%,那獲利就是630000000元,整整相差1倍的獲利!

所以在確定可以賺錢之後,放大結果比優化更重要!

# 用測試結果來優化

優化是透過不斷的測試和調整網路行銷流程中的各個環節，達到提高轉換率（客戶發生某個行動的機率，例如購買、訂閱）的目標。大多數的客戶不會在第一次的時候就下決定，除了因為信任度還不夠以外，也可能是因為某個地方沒有做好，例如文案沒有切中他的痛點，或是提出的方案不夠吸引人等等，有非常多可能的原因造成客戶沒有做出行動，但是與其憑空猜想，不如直接透過測試來找出哪裡出了問題更有效。

優化轉換率最常見的方法就是「A/B 測試」，也就是用兩種版本相互比較，測試出哪一種版本比較好的方法。例如將流量分別引導進 A 網頁和 B 網頁，結果發現 A 網頁的轉換率是 5%，B 網頁的轉換率是 20%，我們就能知道 B 網頁更能有效將流量轉換成訂單、增加獲利。

A/B 測試的應用範圍很廣，例如廣告圖片、網站介面、銷售文案、開發新產品等等。透過測試優化成效、提高轉換率，就如同你擁有一位銷售高手在幫你賺錢一樣。

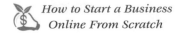
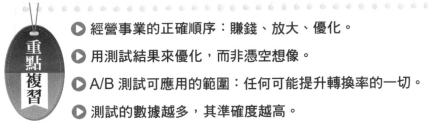

重點複習

▶ 經營事業的正確順序：賺錢、放大、優化。

▶ 用測試結果來優化，而非憑空想像。

▶ A/B 測試可應用的範圍：任何可能提升轉換率的一切。

▶ 測試的數據越多，其準確度越高。

**第 7 步：重複**

成功就是做有效的事，持續成功就是重複做有效的事！

當你已經成功建立了可以賺錢的網路行銷流程，你的電腦就成了一台自動化的網路印鈔機，可以 24 小時不間斷地幫你賺錢，就算你在睡覺、玩樂、陪伴家人或做任何事的時候，都可以持續有收入進入你的銀行帳戶。

恭喜你獲得了自由，可以擺脫你討厭的工作，去做你真正熱愛的事，花更多時間真正的「生活」，而且再也不需要擔心錢的問題了，因為你已經具備了用網路賺錢的能力！

接下來你只要不斷重複前面的六大步驟，繼續建立更多賺錢的網路行銷流程，如此一來你就會不斷累積更多收入，擁有更多印鈔機幫你賺錢，就如同在第二篇的創造財富的九大步驟中的最後一步一樣，「增加資產的數量」，你可以不斷增加自己的產品線、建立新的網路行銷流程、增加更多客戶名單，以及開發更多後端的產品和服務，並且打廣告來引導更多流量，你的收入將不只是增加幾千到幾萬，而是直接在尾數加上一個

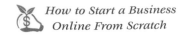

零、甚至更多！你是否也為此感到興奮呢？

## 簡化流程，更快、更多、更好

如果你已經到達重複的階段，便可以開始思考如何將流程簡化。也就是說，你不應該花三個月、半年或一年以上時間才能再重複完成一套網路行銷流程或建立資產，而是應該想辦法用更快的時間、做到更多和更好。

假設建立一個新的流程和產品線能讓你每個月多增加 10 萬元的收入，但你卻花了一年才完成，既然如此為什麼不用一個月完成，然後一年可以重複 12 次能增加 120 萬呢？同樣是一年時間，但結果卻差了 12 倍！雖然這個假設有點誇張，但重點在於「行動的速度決定成功的速度」，能一天完成的事不要花一星期，一年可以賺 100 萬不如一個月就賺 100 萬，你應該能理解我的意思。

另一方面，為了能夠維持收入，讓事業能夠穩定運轉和前進，除了注意世界的瞬息萬變也要考慮到競爭對手和時機，如果你和競爭對手同時發現了一個極具獲利潛力的藍海市場，但你們也還在摸索這個市場的一切，結果相同時間你只做了 1 次嘗試，你的競爭對手做了 10 次嘗試，你覺得誰的贏面比較高？誰比較容易搶下市場？誰比較容易獲得更高的營收和利潤？答

案應該很明顯。

因此你需要做的第一步就是檢視自己的工作流程，並且去蕪存菁，將非必要的、沒有效率的步驟去除，簡化一切並制定 SOP（標準作業程序），這樣做的好處是除了自己能更有產值，未來也能將每個環節交給別人來做，例如聘請員工或外包，並讓他們遵照 SOP 操作，這樣相當於你的時間和產值都倍增了，更有效率、成果更好，進一步能將自己的焦點放在其他更大的目標和夢想上。

**重點複習**

▶ 有效的事情要重複做。

▶ 簡化流程，用相同時間產出更大產值，創造更好的結果。

▶ 制定 SOP 並將工作外包，倍增時間和成果。

別忘了，你可以進入這個網址 ==> weilyyeh101.com/books，或是掃描 QR Code 之後開始觀看打造自動化網路行銷系統的工具和教學

# 第五篇

# 策略和建議

Start From Scratch — Seven Steps To
Create Your Online Business

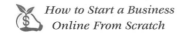
根據經驗，無論你的最終目標是什麼，往往最大的挑戰不在於技術，因為技術可透過學習和反覆練習就能具備，但在面臨一個決策就可能全盤皆輸的壓力時，或遇到不知如何應對的情況當下，用怎麼樣的思維、心態和策略去面對才是關鍵，因此接下來我將和你分享過去我自己本身所學，以及在輔導學員時曾遇到的一些問題，最後整理出來的策略和建議。這些策略和建議無論在經營事業、提升財務狀況和生活方面都非常實用，相信能帶給你很大的幫助。

# 1 不要追求完美

追求完美並沒有不好，但如果你每一件事情都要做到完美才接著做下一件事，那你很難成大事，因為你永遠都不會覺得完美，所以你永遠無法前進。

我在輔導學員的時候也經常遇到執著於完美的學員，例如明明只要 10 分鐘就可以寫完的文案卻足足寫了三天，因為文案寫完後覺得不好所以刪除重寫，寫好後又覺得哪裡怪怪的又刪掉重寫，或是拍攝 3 分鐘的影片因為擔心效果不好，所以一直在準備服裝、寫腳本背台詞、研究拍攝角度等等，結果一星期過去了還沒開始拍。試想一下如果每件事情都要花這麼多時間準備，要等到一切都就緒了才開始，那其實你已經浪費了很多時間，而且可能早已經被你的競爭對手超越而失去先機了。

有時速度才是致勝的關鍵，尤其在創業初期應該採用「先求有再求好」的策略，因為這個階段的重點在於你要快速地測試能不能賺錢，能不能在市場中存活下來，如果你花了很多時間準備，做到完美之後才發現產品根本沒市場或是賣不掉，那些失去的時間和成本是不會回來的。

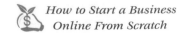

不要為了追求完美而一直準備，應該是要先有結果，然後再快速去修正和調整，把結果變得更好，遇到困難再想辦法解決，這樣你才能一直向前進，快速往目標邁進。

我聽過有句話叫「快做、快錯、快改」，意思就是快點做然後快點找出錯誤的地方，接著快點修改調整，當時心想這句話真是充滿了企圖心，而且包含了不畏挫折挑戰的態度，真的很值得學習。

還記得自己剛開始錄影片的時候也是過度追求完美，因為怕忘詞還買了提詞 APP 邊錄邊看，結果短短不到五分鐘的自拍影片我整整錄了六小時，從中午錄到晚上，而且錄完之後並沒有比較好……（昏倒）。

後來我就學乖了，無論什麼時候，直接手機拿起來按下開始鍵直播和錄影，幾分鐘後搞定！快速又簡單。

所以做任何事情時切記，不要過於追求完美，先做就對了！

## 2 專注在進攻、擴張、創造更多價值

人如果不持續進步，沒有持續前進，很快就會因為無法適應環境變化而被淘汰。對一份事業來說，不是擴張就是萎縮，不是獲利就是虧損，從來沒有中間值，專注什麼，什麼就會放大，如果要讓自己的生活更好，就應該要把心思都專注在收入而不是支出，專注在收入，金錢就會被吸引過來，如果專注在帳單、負債等等這些會讓你不斷花錢的事物上，你就會吸引更多的帳單和負債讓你花更多錢，因此你應該把焦點專注在進攻、擴張和創造更多價值，這代表你要有更多產值、更多成交，建立更大的影響力，你才能幫助更多人，最後回饋到你身上的金錢就越多。

防守充其量只是讓你輸得不那麼難看，只有進攻才能贏得最後的勝利，所以有三件事情是你每天都一定要做的。

第一件事是「每天都要建立名單」，在第四篇時提過名單是事業最重要的資產，擁有名單就擁有印鈔票的能力，換言之擁有越大量的精準客戶名單就能賺越多錢，每天建立名單就等同每天都在擴張你的事業和收入。

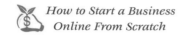

　　第二件事是「每天都要給予價值」，給予客戶價值是建立信任感最好的方式，因為你在幫助客戶成長和解決問題，不斷產出對客戶有價值的內容和方案，讓客戶成為你的粉絲，甚至成為你事業的最強後盾，你將在激烈的競爭市場中無往不利。

　　第三件事是「總是要成交」，除了成交一切都是成本，成交是所有商業的最終目的，沒有成交就沒有收入，沒有成交公司就會倒閉、事業就會毀滅，你就沒有力量去保護自己心愛的人和追求自己的夢想，也沒有能力去幫助更多人，沒有成交你將失去一切，請務必做到總是要成交！

## 讓客戶看到價值而非價格

　　如果你經常遇到客戶殺價，那代表你沒有讓客戶看到價值，客戶之所以會殺價，是因為除了價格以外，客戶沒有其他可以比較的要素，找到客戶最關心的要素，價格就不會是問題。

　　想要提高價值可以從以下幾個要素著手。

1. 找到或問出客戶真正渴望和關心的事物
2. 展現你可以幫助客戶獲得的巨大成果
3. 提醒稀缺性，數量有限且賣完就沒有了，或只有現在有這

個方案

4. 向客戶說明你和別的賣家差別在哪裡，為什麼應該選擇你

5. 大量的成功見證

6. 額外的好處，例如贈品、客製化服務、VIP 待遇等等

7. 第三方公信力的支持，例如媒體報導、證書、機構背書、
   名人推薦

　　以上的要素能塑造更大的價值，但其核心關鍵還是要針對客戶遇到的問題做切入，幫助客戶看得更大、學到更多、獲得更多，讓客戶能簡單快速有效地解決問題，價格就不會是客戶的首要考量。

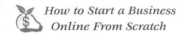

## 3　英雄選擇戰場

如果你發現用了很多方法和策略，也打了很多廣告，但產品還是推不動很難賣，那問題可能不是出在行銷和銷售，而是在你選錯市場，或是選對市場但是選錯產品，抑或相反。

產品（提案）是事業的核心關鍵，如果你有一個可以讓客戶連想都不用想就購買的產品或提案，那你的行銷流程和銷售流程才能發揮最大的效果，才能進一步擴張放大，如果產品本身品質很差，客戶體驗度很糟，那就算是銷售高手也會推得很辛苦，花錢打廣告也只是讓更多人知道你的產品很爛而已，最慘的結果是打壞了自己的品牌，在客戶的心目中留下難以抹滅的差評。

英雄也會選擇適合自己的戰場，如果你選擇的市場過於小眾，或是這個市場的客戶沒有能力購買或不願意購買你的產品，那你的事業也會舉步維艱、動彈不得。

所以如果你有打算要創業或是想要做個小生意增加額外收入，以下是在初期行動的建議。

## 做大眾市場

不要找冷門的產品或過於小眾和沒有長期需求的市場,選擇從古至今一直存在的長青市場,例如金錢市場、健康市場、人際關係市場和心靈市場,簡單來說就是跟人有關係的市場,並且選擇長期熱銷的產品,成功率才會高。

例如投資理財、減肥瘦身、親子關係、命理研究等等,都是歷久不衰的龐大市場。

## 不要創新

不要自己創造沒人見過的新產品,也不要自己創建新的商業模式和流程,因為沒有資料可以參考,也不知道到底要花多少錢,而且失敗率很高。

創新很重要,但不是你在事業初期該做的事,你該做的事情是找到已經證實有效的方法,然後直接套用先賺到錢再說,等到事業成長到穩定的階段時,你才在有餘力和金錢的情況下創新,在那之前先想辦法存活下來吧。

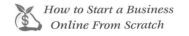

## 不要追求完美

在前面已經有討論過這一點，盡快用最短的時間做出結果，先有結果之後再慢慢調整，不要花費太多時間在準備上，否則你的進度會過於緩慢而失去優勢。

## 不要一次做很多產品

先專注做好一件產品，經測試確定可行之後再把量放大，一次做很多產品焦點會分散，資源無法集中也會耗費更多時間和成本，與其一次做很多事不如做好一件事，效果更好。

## 流程越簡單越好

流程越複雜，成本越高也越容易出錯，客戶也越不容易買單。從開始銷售到客戶買單之間的環節越多成交率越低，每多一頁網頁、多一個按鈕，離客戶成交就越遠，所以銷售流程越簡單越好。

**可以賣出去是第一目標**

　　你必須要證明可以把產品賣出去，一切才有意義。成交是第一目標，否則你花再多時間和精力，沒辦法賣出去就是沒辦法，所以盡可能用最短的時間、最少的成本快速測試是否可以把產品賣出去，如果測試後發現賣不動，就要趕快檢視哪裡需要調整、或是換下一個產品，然後繼續測試直到成功為止。

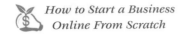

# 4 不要在乎別人的批評，因為他又不會幫你付帳單

創業的路既孤獨又寒冷，因為身邊的親人朋友和陌生人可能不懂你在想什麼，甚至會潑你冷水，每一個人都在叫你放棄，告訴你不可能做得到，說你沒有能力、做得不夠好。

你知道嗎？雖然你會感到孤獨但你並不孤單，因為包括我在內有很多人都和你一樣努力，只是大多數人都被批評打敗而沒辦法堅持到底，最終回到原本的生活做著日復一日自己厭惡的工作。

所以我要教你一招，當下次有人叫你趕快放棄的時候你可以回他一句話：「如果我放棄了，難道你要幫我付帳單嗎？」，對方的回答必然是不，那既然對方不會幫你付帳單你為什麼還要在意他說的話呢？沒錯吧！

其實最令人欽佩的是那些只會說風涼話，一直在批評別人的人，因為他們竟然不願意花時間讓自己更好，而是把寶貴的時間花在別人身上，所以你其實要感謝那些批評你的人，因為他們是你最棒的觀眾，他們一路看著你成長、進步、變得更好，

他們其實是你的忠實觀眾和鐵粉呀！所以你一定要回應他們的期待，讓他們見證你的成功！

自己的帳單自己繳，自己過的生活自己決定，成功是你的責任與義務，把批評變成自己茁壯的養分，感謝那些不看好你的人，因為他們讓你變得更好！

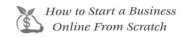

 **5** # 要坐就坐到底，要嘛就不要坐

記得以前去新加坡上課的時候，台上的講師要現場的全部觀眾起立，接著他問大家：「站著舒服嗎？」，觀眾們回答：「還可以。」接著講師讓大家繼續站著，但隨著時間慢慢地開始有人換站姿和扶椅子了，這時他又問：「站著舒服嗎？」，有人回答：「站久開始有點痠了。」，講師聽了之後說那大家坐下吧，正當大家準備要坐下的時候講師突然大喊：「不要動！」，每個人都被突如其來的指令驚嚇後停止不動，這時候每個人都是半蹲的姿勢，講師再次問：「坐一半舒服嗎？」大家回：「不舒服！」，講師問：「想不想坐到底？」，大家齊喊聲：「想！」，最後大家終於坐下了，講師再問：「坐到底舒服嗎？」，「舒服！」大家異口同聲的回答……

以上是我親身的經驗，做事業就像是在坐椅子，如果不做，一開始沒什麼損失，但慢慢的生活也會越來越辛苦，如果事業做一半，因為卡在中間不上不下，你會覺得很痛苦，如果你可以全心投入做到底，那未來就會越來越舒服，真的是一段很有智慧也很有趣的經歷。

現在回想一下，你是否做每一件事都抱持著要做就做到底

的精神呢？每次我覺得疲憊的時候就會想起這一段經歷，提醒自己要堅持到底不要半途而廢。

如果我們能每件事都全力以赴，那會有好的結果是必然的，就算最後的結果可能不如預期，那起碼學到經驗也不愧對自己，再接再厲繼續下一個挑戰就好，因為這些經驗都會成為未來你的故事。

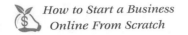

## 6　有壓力的環境，能幫助自己更成功

有一位國王因為年紀已大，剛好自己的女兒也到了適婚年齡，便想幫女兒找個好歸宿，所以國王就舉辦了一場招親大會，滿滿的人潮擠在城堡護城河外的沿岸上，而護城河底下也是滿滿兇猛的鱷魚，國王說道：「只要有人敢從岸邊跳下，游過鱷魚群到達城堡這裡，我就把公主許配給他，成為新一任的國王！」

說時遲那時快，國王語畢的同時岸邊就有一個人突然往護城河裡跳下去，因為太突然，國王嚇到了，圍觀的人群嚇到了，連鱷魚都嚇到了，當鱷魚回過神想追趕上去時，那個人已經游上岸到達城堡了，國王非常開心地說：「你真是太勇敢了，絕對夠資格成為我的女婿，你有什麼話想說嗎？」只見那個人回頭往對岸上的人大喊：「剛剛是誰推我下去的？！」

我最初聽到這個故事時笑得不可開交，但仔細想想，這個故事的寓意值得我們省思，人人都想要成功，但最後為什麼只有少數人能成功呢？其中一個很大的要素是「壓力」，如果你掉下水後發現身邊都是鱷魚，就算你不會游泳也突然會游了吧！

　　適度的壓力能幫助你更快成功和進步，反之在過度舒適的環境容易使人停滯不前，養成安逸的心態，所以要讓自己快速進步、快速強大、快速成功的方法就是把自己放在對的環境，讓環境強迫你變得更好，你才更有機會成功。

　　那什麼是對的環境呢？就是能幫助你往目標更靠近的一切！你平常接觸的人事物，例如你看的書、你認識的人、你住的地方、你經常出入的場所、你最常和誰在一起等等。

　　人的意志力往往是薄弱的，人的天性通常也是容易鬆懈的，所以需要靠外界的壓力來激勵自己，讓環境把自己向前推動，讓自己身邊的人督促自己，才能持續走在正確的道路上，持續進步、更好。

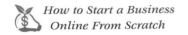

## 7 如果你很擅長某件事，不要免費幫別人做

你最擅長的事就是你賺錢的關鍵，因為你可以比別人用更短時間、更低的成本做出更好的結果，這是別人都辦不到的事，所以他們需要你的幫忙，但如果你用自己的專長幫他們做事卻不收費，你可能會越來越辛苦。

用自己的天賦和專長來賺錢，你可以用更快的速度累積財富，因為對別人來說很困難的事，對你來說卻很容易，所以你應該善用這一點幫助別人創造更多價值，就能獲得更多的收入。

如果你經常用自己的專長免費幫別人做事，除非你是做公益，為這個世界盡一份心力，那真的值得讚許！但如果是別人要求你免費幫忙，那意義就完全不同了。

在我當舞者、表演者和舞蹈老師的時候，常常遇到有人會以幫我多宣傳為理由，要求我免費幫他們編舞和表演，或是開一個低到不能再低的價碼，甚至還有遇過用類似園遊會的票券當酬勞的，真的很令人傻眼。只要你答應一次，對方就會知道你其實是可以接受的，從此之後你就變成免費的代名詞，變成

別人眼中的廉價品，很難再把自己的價值提高起來，因為別人只看到你的價格而已。

我相信你也可能遇過類似的情況，人們要求你免費幫忙為他們服務，如果你照辦了，你就少賺了一筆應該賺的錢，你犧牲自己的時間，花費精力和成本幫別人做事卻沒有賺錢，這本身就是一件不合理的事，而不合理的事情是不會長久的！

說真的，免費幫忙的壞處比好處多太多了，除了沒賺錢還會拉低自己的品牌價值，甚至對方不見得會感謝你，因為既然你是免費的，那就代表對方可以找到更多人取代你，說起來你就變成了可有可無的存在，而且千萬不要相信對方說這一次幫他忙，下一次一定會找你的這種話，因為他在你這裡撈不到好處，下次他就會找別人了，雖然真的很不想說，但這真的就是人性呀！也難怪有一句話會說「**人性本善是未必，人性本賤是一定**」，人們往往不會珍惜免費的事物，這一點在學習上也能看出明顯的差異。

價錢的高低決定學習成效的高低，假設你花了 100 萬去上一堂課，你敢不認真學習嗎？應該恨不得筆記抄滿加錄音錄影，根本不可能在課堂上打瞌睡吧？

同樣的道理，既然你擅長的事可以幫助別人解決問題，那收費自然是合情合理，而且也因為收費，對方反而會更珍惜和

更加感謝你，只要你能創造更大的價值幫助對方更好，不但你賺到錢也獲得名聲，也往財富更前進一步！所以不要免費幫別人做事，但我們該如何讓對方願意付錢，甚至付錢之後非常感謝你、對你念念不忘還幫你轉介紹更多客戶呢？重點就在於你有沒有讓對方體認到你的價值。

在網路上有流傳一則故事，有個人因為腳骨折了去看醫生，醫生告訴他需要用鋼釘固定並收費 5,000 美金，那人一聽質疑怎麼這麼貴！？便要求看收費明細，醫生拿給他的帳單上寫著：「鋼釘成本：1 美金。如何把鋼釘放進腳裡：4,999 美金」，那人一看也只好默默地接受了。

透過以上的故事可以知道，如果你沒辦法讓客戶體認到你的價值，那客戶就只能用價格來決定要不要付你錢，或是責怪你收費太貴，所以除了不要免費幫別人做事外，更重要的是你是否能展現出自身價值，要能讓客戶非你不可，還願意出高價請你幫忙，這就是你要努力的方向。

## 8 先賣再買，先收錢再製造

生意最怕的就是產品賣不掉造成囤貨，尤其當特殊節日來臨時更是巨大的挑戰，貨太少失去了賺錢機會，貨太多賣不完造成浪費和增加成本，這當中一來一往都是考驗，經驗老道的老闆可以依照過去經驗和相關數據判斷要進多少產品和備多少貨，但更好的做法是**先賣再買，先收錢再製造**，簡單來說就是類似像「**預購**」的模式，先讓客戶用優惠的價格或更多好處先購買，接著才製作產品。

使用先賣再買的策略有許多好處。

第一，先收到錢就不會有進貨成本的壓力。

第二，可以確定基本有多少人購買，瞭解市場需求度。

第三，可以讓已購買的客戶參與產品的製造過程，視情況調整產品內容，讓客戶有參與感並提高忠誠度。

第四、可作為行銷素材引發話題，吸引更多客戶注意以增加銷量。

第五、先有客戶後，可和其他產業做異業結盟或聯盟行

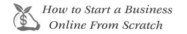

銷，提供更多價值和擴張營收。

在很多地方都可以看到類似的模式，例如各店家在特殊節日時的商品預購，年菜預購、禮品預購等等，或近年很流行的模式，就是先推出一個新產品的概念讓大眾用超值方案購買，如果到達一定金額門檻才開始製造。

如果你先賣再買的策略是使用在資訊型產品上優勢就更大了，在第四篇的時候我向你分享過資訊型產品的特色跟好處，資訊型產品是幾乎沒有成本的高利潤產品，而且沒有距離和時間的限制也不需要進貨，所以很適合網路創業的新手嘗試，一旦有人真的購買就證明了有市場，就有機會變成一條產品線，然後再繼續延伸增加更多產品和服務，最終變成一個事業。

**想辦法做同一件事，但可以創造更多價值**

想要讓自己創造更多價值不一定要額外多花時間，你可以從每天都要做的事情開始，例如你是一位烘焙老師，你開了一堂教人如何做出美味料理的實作課程，你就可以把教學過程紀錄下來拍成影片，未來就能變成線上課程販售來增加收入。或是把平常自己做料理的過程透過手機直播，這樣可以增加和人們的互動，說不定就會有人留言想要購買或是提出合作機會。

又或者你是一位攝影師，專門拍攝各種美食的製作過程並且上傳到網路上讓大家觀看，因為有很多人會好奇各種美食到底是如何被製作出來的，你就可以推出一個讓網友可以付費成為助理的提案，和你一起去拍攝並在現場觀看製作和攝影過程，這是一個非常棒的體驗，甚至你可以組美食旅遊團帶大家一起去現場看。透過拍攝不只是介紹美食的製作秘辛，同時也可以介紹食品安全並且變成影片賣錢，甚至變成品牌標章，讓很多店家都想要找你去拍攝來提升餐廳的形象與知名度，之後也可以跟店家合作各種不同的企劃。

如以上的舉例，你可以將自己原本就在做的事情用一樣

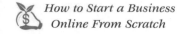

的時間、成本和精力創造出更大的價值，同樣的道理，當你錄製一部影片和寫出一篇文案的時候，並不是專案結束之後就沒用了，而應該是要想辦法物盡其用，運用在更多地方上，如果你用這樣的思維在自己的事業上，就可以延伸和變化出更多策略，進而增加更多的收益。

## 10 最有名的產品會打敗最好的產品

你應該有過這種經驗，覺得有一個產品明明爛到爆，或是一家餐廳真的不怎麼好吃，卻賣到嚇嚇叫，大排長龍，大家搶著要買，或是有一個人的專業技術沒有很厲害，但就是有很多客戶想找他服務，想成為他的會員或學生，反而是一直不斷在進修，一直在提升自己專業、產品和服務品質的人都找不到客戶，十分無奈地想到底該怎麼辦？

以上這些例子在各行各業屢見不鮮，會有這種找不到客戶的狀況發生，最大的原因就是「**不會行銷自己**」！

如果你的產品或服務非常棒，若是沒人知道就完全沒用了，因為**人們不會去買他們不知道的產品和服務**，相反地，只要你可以解決客戶的問題，並且用對的方法讓更多人知道你，你就可以把事業擴張得更大並且賺到更多收入，但這並不是鼓勵你可以不持續精進自己或賣不好的產品給客戶，而是「**產品好是基本條件**」，所以建議你可以在行銷這部分花多點心思，不是將重點全都放在追求更好的產品服務，而應該是想辦法讓更多人知道你，然後服務更多人、幫助更多人。

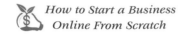
有兩種很簡單可以判斷你行銷自己做得好不好的方法，第一種就是你的家人和親戚朋友知不知道你在做什麼？

如果連你的家人和親戚朋友都不知道你在做什麼，那你的行銷真的需要好好加強，因為家人和親戚就是你最好的宣傳部隊，特別是當你做出成績、甚至上報紙、上新聞的時候，自己的父母一定恨不得左右鄰居大街小巷都知道吧，說不定還會把報紙護貝起來變成傳家寶。（笑）

有沒有讓自己身邊的人知道自己在做什麼真的差很多，雖然他們不一定會馬上有需求和你購買，但當他們自己身邊的朋友有需求的時候，可能就會推薦你給他們的朋友了。

第二種判斷的方法，就是當你跟別人見面的時候，對方第一眼見到你就問你最近在幹嘛，那代表你的行銷沒有做好，否則對方怎麼會問你這個問題呢？

我遇過許多剛創業的朋友們，他們普遍有一個困擾，就是在和潛在客戶見面時，不知道要怎麼切入主題開始銷售。如果聊天聊得好好的突然換話題，直接切入產品或你在做的事業，對方一定會覺得莫名其妙，氣氛一下子變得尷尬，因此最好的方法就是讓對方自己主動提起。

如果你的行銷有做好，對方知道你在做什麼，那第一句話通常就會說：「我有在關注你的……」，或是「我知道你在

做……」，反而是對方自己主動提起，而你只需要順勢接話就可以了，做生意就突然變得意外的簡單。

行銷如果沒有做好，也可能就會發生以下的事。假設你在賣車，結果有一次聚會的時候你發現有一個朋友換了一台新車，而且那台車恰好就是你在賣的品牌，你無比可惜地問他為什麼不找你買？對方回答：「我又不知道你有在賣車。」瞬間空氣凝結，因為你沒有做好行銷所以失去了一筆訂單，還跟朋友之間的關係變得尷尬，所以一定要做好行銷才行！

現在檢視一下你自己，你的家人、親戚和朋友們都知道你在做什麼嗎？當你和朋友或客戶見面，對方知道你最近在幹嘛嗎？如果他們都不知道的話，你就應該能理解為什麼自己的生意難做，覺得賺錢很辛苦了。

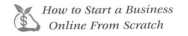

# 11　成交客戶的五個階段

在企業營運發展的過程當中，最終的目標的就是要成交客戶，因為只有成交客戶才可以讓我們的企業可以持續獲利，能讓企業得以持續生存，並且進一步成長與擴張，但是你在經營企業的時候如果總是用同一套方法來面對所有的客戶，將會面臨到一個非常巨大挑戰，因為我們在面對客戶的時候，每一個客戶都是處於一個不同階段，比方說有些客戶他可能是不認識你的，他是第一次看到你，第一次知道你的公司，第一次看到你的產品和服務，所以他對你其實是完全不瞭解的，或是有些客戶不是第一次看到你，對你有一些基礎認識和瞭解，甚至已經買過你的產品，所以對你已經有相當程度的熟悉，因此當我們在面對客戶的時候應該要針對客戶不同的階段有不同的策略。

如果你用同一套說法、同一套說辭、同樣的態度或是同樣的方式面對你的客戶的話，因為每個客戶正處於每一個不同的階段，這樣會對你的營收和事業造成很大的影響，如果這個客戶他是第一次接觸到你，你就必須要用第一次接觸的方式來應對，接著逐步地去推進和引導他到下一個階段，而每一個階段

都有不同的應對方式，有系統和步驟的引導客戶，是事業重要的基本功。

在接下來的每一個階段，我會和你分享客戶心裡想的是什麼，他現在的階段正處於怎麼樣的狀態，你會知道應該要用什麼方式來去面對客戶，可以順利地推進到下一個階段並且成交，並與你的客戶維持長久的關係，讓你的企業可以持續地獲利、持續地運轉。

 ## 第一階段：吸引注意

首先我們進入到第一個階段，這個階段要做的就是吸引客戶的注意，為什麼要吸引客戶的注意呢？原因有三個，第一個原因是大多數客戶其實不知道你的存在，因為客戶每天都要面對非常多的資訊，所以現在的人普遍注意力是渙散的。

如果你沒有辦法讓客戶注意到你，進一步知道你的產品，知道你的公司甚至於知道你品牌的存在的話，基本上是不可能有辦法去成交客戶的，因為客戶根本就不認識你，他根本就不知道你是誰，所以一定要先引起客戶的注意，第一步就是要讓客戶先知道我們的存在。

第二個原因是客戶沒有意識到自己的需求，例如客戶沒有

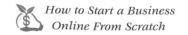
意識到自己本身健康方面的問題，沒有意識到自己身體出了狀況，他不知道自己是需要被幫助的，所以當你在第一階段吸引到客戶注意的時候，必須同時讓客戶知道他現在其實正面臨一個問題而且要趕快解決，不然未來就會變成一個大問題。

第三個原因是客戶他本身有需求也有意願行動，所以他正在尋找一個解決的方法，但因為還沒有找到方法所以問題依然存在，或是有其他因素和考量所以還沒有下定決心，而此時就是你出現在他的面前並注意到你的最佳時機，讓他有機會可以成為你的客戶，這就是第一階段你要做的事，吸引客戶注意。

##  第二階段：提供價值

在第二階段要做的事情就是提供給客戶價值。這個時候客戶的心理狀態是他已經發現自己的需求了，他已經知道有一個問題必須要去解決，但是他還沒有找到那個方法，所以他現在一直到處去看很多可能對他有幫助的產品，他可能看了你的競爭對手的產品，或是到很多地方去尋找了很多方法，但也許都不是他想要的，也沒辦法幫助到他解決問題和煩惱，所以當你引起他的注意之後，他也會進一步想瞭解你能不能幫到他的忙。他心裡會想你的產品跟別人有什麼不一樣嗎？你和你的同行差別在哪裡？你的產品有什麼特別的功能和作用嗎？這些都

是客戶想要進一步瞭解的。

特別注意的是，客戶尋找的解決方法不一定是去尋找你的同行，因為解決問題的方法一定不只一種，也有可能是跨領域的不同方法。比方說有一個人他在健康方面有問題，如果他想要解決自己身體的健康問題，他可以去看醫生，也可以去藥房買藥，或是購買保健食品，也可以透過運動的方式來強身健體，讓自己的身體變得更好更健康，這些都是解決他健康問題的方法，也就是說在這個階段的客戶有很多的選擇，你必須要給客戶一個為什麼要選擇你的理由，而最好的方式就是你要提供給客戶價值。

關於價值在本書的許多章節中已經分享了許多資訊，簡單來說就是幫助客戶更好，不管是教客戶知識、幫助客戶解決某部分的問題還是給客戶額外的好處都是很不錯的方法，同時也可以突顯出你和別人的不同，關鍵是在你提供價值的過程當中，同時也是在教育客戶，讓客戶知道只有你的協助才是他的最佳選擇。

## 第三階段：呼籲行動

當你讓客戶知道你確實可以幫助到他之後，客戶可能也不會當下購買，原因也許是價格的問題，可能是技術層面的問

題（例如步驟太難、太複雜，覺得自己做不到），可能是對產品不夠瞭解的問題，時間距離的問題等等，總之客戶可能會有各種不同的原因和理由，導致客戶現在沒有辦法能馬上跟你購買，但其實說這麼多，客戶之所以不買的原因就是他覺得不值得，所以在第二階段很重要，你必須要讓客戶體認到你產品的價值是遠高於價格的。

如果你的價格和你的競爭對手相較起來是比較高的，但你沒有讓客戶感受到你的產品品質比較好，或是比客戶知道的其他方式還要好的話，客戶無法感受到更大的價值，很有可能客戶就會開始猶豫，就不會採取行動購買了。這時候你可以透過用不同的角度，針對客戶最重視的關鍵點來突破，因為每個客戶關心的事物是不一樣的，所以不同的客戶要用不同的方式來溝通，進而闡述自己的產品內容，把價值向上提高起來。

例如可以向客戶展示你的特殊賣點、特長、額外好處、可以解決客戶在意的什麼問題，諸如此類用各種不同的角度切入，對客戶進行價值的溝通。

另一種客戶沒有當下立即行動購買的原因是，客戶不知道為什麼要現在買，他沒有一個為什麼要現在就買的理由，所以說客戶他其實是不急的，他覺得如果今天這個問題沒有解決的話其實也還好，如果現在沒有買你的產品其實也不會有什麼太大的損失和風險，既然現在買跟以後買好像都差不多，沒有什

麼差別的話，那還是等以後再買好了，也許未來又找到更好的方法了，然後回了你一句：「我再看看好了。」所以你如果沒有給客戶為什麼要現在購買的理由的話，那客戶他就不會跟你買，那前面的一切就都白費了。

要怎麼樣讓客戶馬上下決定購買呢？主要有三種方式，這三種方式在**文案的基本架構**中有提過，這裡再進一步的說明運用方法。

第一種方式就是**限時間**，你給客戶一個期限，告訴他如果超過期限購買的話，就無法享受到優惠，有些東西就沒辦法獲得，或是這個產品之後就沒有再賣了，現在不買真的是太可惜了！所以客戶必須要在一定的期限當中做出決定。

第二種方式是**限數量**。因為數量是有限的，所以現在沒有購買的話就沒有了，因為是限量所以也沒辦法保證之後還會不會有，這是一個很好推進客戶購買的方法，同時也能增加產品的價值，因為物以稀為貴，在一般人的觀念中數量越少的東西越有價值。

第三種方式是**限人數**，例如舉辦活動限定最多只能 50 個人參加，如果你現在不參加的話，當人數滿了之後就沒有多餘的位置了，所以可以讓客戶先購買保留名額以免之後沒辦法參加，這也是一種可以幫助客戶馬上下決定的一個方式。

現在，離客戶成交已經剩下最後一步，這時候客戶之所以還沒購買的原因只剩下一個，就是不知道下一步要做什麼。所以這時候你必須告訴他接下來要做什麼事情，你可以告訴他現在就立刻加入成為你的會員，或者是現在就立刻購買產品，讓你的產品可以幫助他解決現在苦惱的問題，或是你告訴他可以去哪邊購買，比方說你的產品是只有在特定通路才有販售的，所以就要明確地告訴他可以去哪邊購買，總之你就是要告訴他現在要做什麼事情，客戶才能知道原來他的下一步要做什麼，因為這時候客戶已經進入購買狀態，所以你要引導他一個步驟一個步驟地完成，最後順利成交！

## 第四階段：售後服務

第四階段接著要做的就是售後服務，現在客戶已經購買了我們的產品，或已經成為我們的會員，這個時候的客戶其實有很多種不同的情況，第一種情況是客戶買了你的產品，但是他可能不會使用，因為你的產品可能有一點技術層面上的門檻，或者你的服務是客戶他比較不熟悉的，所以你必須要指導客戶怎麼做，如果說你沒有在售後服務這個環節去幫助客戶能順利使用你的產品和服務的話，客戶的感受度就會很差，感受度很差的話就不會幫你推薦，也不會願意幫你做見證，甚至他可能在網路上給你負評造成影響，只因為你沒有做好售後服務，所

以我們必須要在售後服務這個環節去進一步幫助客戶，讓他最終可以順利解決他想解決的問題。

第二種情況是客戶可能會有關於產品的各種延伸性問題，比方說有一位客戶跟你買了一輛車，這輛車是一台適合戶外的吉普車，客戶可能就會問這輛車可以跑多遠、能涉水多深、能不能爬坡等等。又或者是你一位美髮師，你幫客戶染頭髮，這位客戶可能喜歡運動，所以他就問你如果運動流汗的話會不會有影響等等，這些都是一些比較生活化的問題，而這些問題都是你必須要在售後服務這個環節去幫客戶解除他們的疑惑的，這樣客戶才會覺得你的服務其實是非常的齊全和周到，而且客戶也會覺得你是有站在他的角度為他著想的。

最後一種情況，做售後服務有一個很重要的原因，就是客戶最不喜歡當他買了你的產品之後覺得沒有被服務到，意思就是說他覺得好像沒有人理他。當你一直跟他說你的產品很好，或是你的服務非常的棒，最後他終於下決定購買產品之後，結果發現買了之後你就不理他了，這在現實中蠻常會發生。比方說有些業務員成交完之後就完全消失，並沒有進一步去對客戶做售後服務，會令客戶心裡覺得怎麼會這個樣子呢，我買了產品之後業務員整個人就消失不見了，這其實是會大扣分的，所以如果你沒有做好售後服務這個環節的話，對你的品牌和公司形象都會有很大的影響。所以請務必做好售後服務。

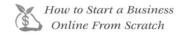

## 第五階段：保持聯繫

成交客戶的最後一個階段就是要和客戶保持聯繫。為什麼要保持聯繫呢？第一個原因就是讓客戶可以持續回購，只要客戶覺得產品好用，體驗很好，覺得很喜歡就會持續回購。

回購是企業最大而且最重要的收入來源之一，因為讓老客戶回購比開發新客戶更容易、成本也更低，另外一方面也更容易推薦更多產品讓客戶購買，例如推薦老客戶可以解決其他問題的相關產品，客戶消費更多獲利就越多，客戶也會因此成為忠實客戶，對你的品牌和企業有更高的忠誠度，甚至變成瘋狂粉絲。

當客戶成為你的忠實粉絲之後就是你最棒的銷售員！這對你的企業來說是非常大的助力，因為你不需要額外花費更多的成本來開發客戶，這些從客戶轉變而成的瘋狂粉絲就是你最厲害的轉介紹大軍，因為他們很喜歡你的產品和服務，所以也很願意幫你介紹更多的客戶，甚至主動成立粉絲後援會幫助你開疆闢土。例如像某間知名手機品牌的公司在全世界有數以萬計的鐵粉，他們都一致認為只要用了一次他們家的手機或電腦之後就回不去了，而且會主動告訴別人有多好用，如果你的事業也能做到這個程度，讓每一位客戶都很願意幫你做轉介紹，那你想不賺錢都難。客戶就是你企業的命脈，一定要和客戶保持聯繫！

　　以上就是成交客戶的五個階段，你可以針對客戶所處的每一個階段想好相對應的策略，用適合客戶的方法來幫助他更好，推進客戶到下一個階段並且一直不斷地循環這個過程，更進一步地擴張你的營收和事業規模。

　　無論你已經是一家企業的老闆，或是你正準備要創業、想要做個小生意，這五個階段都能很好地幫助你達到一個更高的層級。

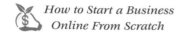

# 後記

你相信吸引力法則嗎？你的思想會產生情感，情感會產生感覺，而感覺會吸引會吸引更多這種感覺，也就是說，你所想的事物最終會成為事實，心想事成。

因為世界上每一樣事物都有頻率，只要你和你想要的東西頻率一致，就會相互吸引。

如果你想要一台跑車，你就每天想著它，最好是可以每天看到它、觸摸它、體驗它，最終你就會得到它。

如果當你看到帳單後心情很鬱悶，無時無刻都在想著帳單，一直想著自己很窮困，那你就會得到你想要的……更多的帳單，因為你不斷向宇宙發送訊息，宇宙就會回應你，給你想要的東西。

這時你可能會想，既然可以心想事成，那是不是我光想就可以了，什麼都不用做、不用努力了？只要等著午餐從天上掉下來就可以？

我也曾經和你想的一樣，但宇宙的規則不是這樣運作的，想要心想事成、運用吸引力法則得到你想要的一切，還有一個

重要的關鍵……這個關鍵就是——「**立刻行動！**」

我的人生當中有幾次運用過吸引力法則心想事成的實例，印象非常深刻。

在 2012 年我退伍之後，開始出社會工作，當時的我為了多賺點錢、想要成功，每天從早上 7 點起床後開始工作到晚上 10 ～ 11 點，因為除了本業工作外，我在外面還有接案、開課，雖然每天都這麼的「充實」，但我知道這不是我想要的生活，我真正想要的是可以站上國際的大舞台，成為職業舞者。

就這樣日復一日，我每天都在想著這件事，終於有一天，我在網路上看到了招募舞者的資訊，工作的地點是澳門的一家夜店，我知道機會來了！如果不把握這次的機會，我將後悔終生！

所以我立刻按照招募條件錄製影片、製作履歷，就算我過去完全沒有任何相關的經驗……

最後，我成功被選上了！我真的心想事成，成為了在國際舞台上表演的舞者，我的生活發生了天翻地覆的變化！從此之後我不斷運用吸引力法則來獲得我想要的東西。

專注在任何我想要的事物上，並且不斷向宇宙發送訊息。

不過就像我上面說的，光是心中所想還不夠，要事成還需

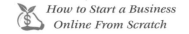

要你做出行動，當機會來臨時，你會知道這個機會可能會改變你的一生，你會發現心跳聲變大了，你會微微冒汗，你會開始感到有些恐懼，如果你發現有一個機會可能會改變你的一生，可以得到你朝思暮想的東西，可以讓你實現夢想。

拜託，真的真的，千萬不要猶豫，立刻抓住這個機會，馬上行動！因為你將會得到你想要的一切。

創業是一條需要堅持到底的漫長道路，但在這個時代創業已經變得非常容易，甚至只要一支可以上網的手機就可以開創屬於自己的事業，在網路上也有非常豐富的資源可以運用，但相對的重點就變成如何用正確有效的策略來幫助自己的事業成長，藉以創造更多的收入，這樣才能提升自己的生活品質，打造自己想要的人生，也更有能力照顧和保護自己所愛的人。

從本書一開始我介紹自己的故事，到創造財富的九大步驟、打造網路新事業的七大步驟，到數個實用的建議和策略，我想這些知識已經可以幫助你有足夠的能力開始創造自己的事業，請記住！從零到一總是最辛苦的過程，但只要你堅持到底、不斷學習和修正，從一之後就會以飛快的速度開始成長。

希望這趟旅程你能玩得愉快，好好享受改變人生的過程吧！

公眾演說　A⁺ to A⁺⁺
國際級講師培訓

面對瞬息萬變的未來，你的競爭力在哪裡？

學會演說，讓您的影響力與收入翻倍！

## 公眾演說四日完整班

好的演說有公式可以套用，就算你是素人，也能站在群眾面前自信滿滿地開口說話。公眾演說讓你有效提升業績，讓個人、公司、品牌和產品快速打開知名度！公眾演說不只是說話，它更是溝通、宣傳、教學和說服。你想知道的——收人、收魂、收錢的演說秘技，盡在公眾演說課程完整呈現！

**兩岸 PK**

**保證 有舞台**

**國際級 講師**

## 國際級講師培訓

教您怎麼開口講，更教您如何上台不怯場，保證上台演說 學會銷講絕學，讓您在短時間抓住演說的成交撇步，透過完整的講師訓練系統培養授課管理能力，系統化課程與實務演練，協助您一步步成為世界級一流講師，讓你完全脫胎換骨成為一名超級演說家，並可成為亞洲或全球八大名師大會的講師，晉級 A 咖中的 A 咖！

**魔法講盟** 助您鍛鍊出自在表達的「演說力」，

從現在開始，替人生創造更多的斜槓，擁有不一樣的精采！

TERRY
ENTERPRIS

# 達宇國際

**台灣最大、最豐富、最實用的
網路成交知識寶庫**

達宇國際致力於協助想透過網路增加收入的個人
和想用網路倍增營收與獲利的中小企業老闆,用
最簡單且驗證有效的方式快速建立你的潛在客戶
名單並轉換成客戶,創造持續不斷的收入!

## 一、如何打造自動化網路印鈔機實體課

五個半小時的實戰精華,教給你最完整的網路行銷核心流程與秘
,即使你現在沒有產品、資源,但只要你有一台可以上網的電腦
你就可以在網路上賺錢,打造你的網路印鈔機!

## 二、VIP俱樂部

最新且驗證有效的網路行銷獲利秘訣,超過30種以上關於銷售
銷、擴張的線上課程,加上最強大的線上支援社群與教練,幫
快速倍增業績和收入、實現快樂自由族的生活!

## 還有更多...更多...

立刻搜尋或掃描QR Code,獲得更多實用資訊和資源
加速翻轉你的人生!

weilyyeh101.com/Introduction